WindowScape 3
窓の仕事学

窗，手作與自然的物語

東京工業大學 塚本由晴研究室　編
林書嫻　譯

窓研究所

WINDOW RESEARCH INSTITUTE

YKK AP 株式會社窗研究所旨在創造窗的文化，
與日本國內外的大學及專家學者協力，
致力於跨學界的「窗學」研究活動。

本書以「窗的工作學」（2014～2015）為題，
將東京工業大學塚本由晴研究室進行的窗學研究成果彙整出版。

濱田窯　細工所

日下田紺屋

武藤染工株式會社

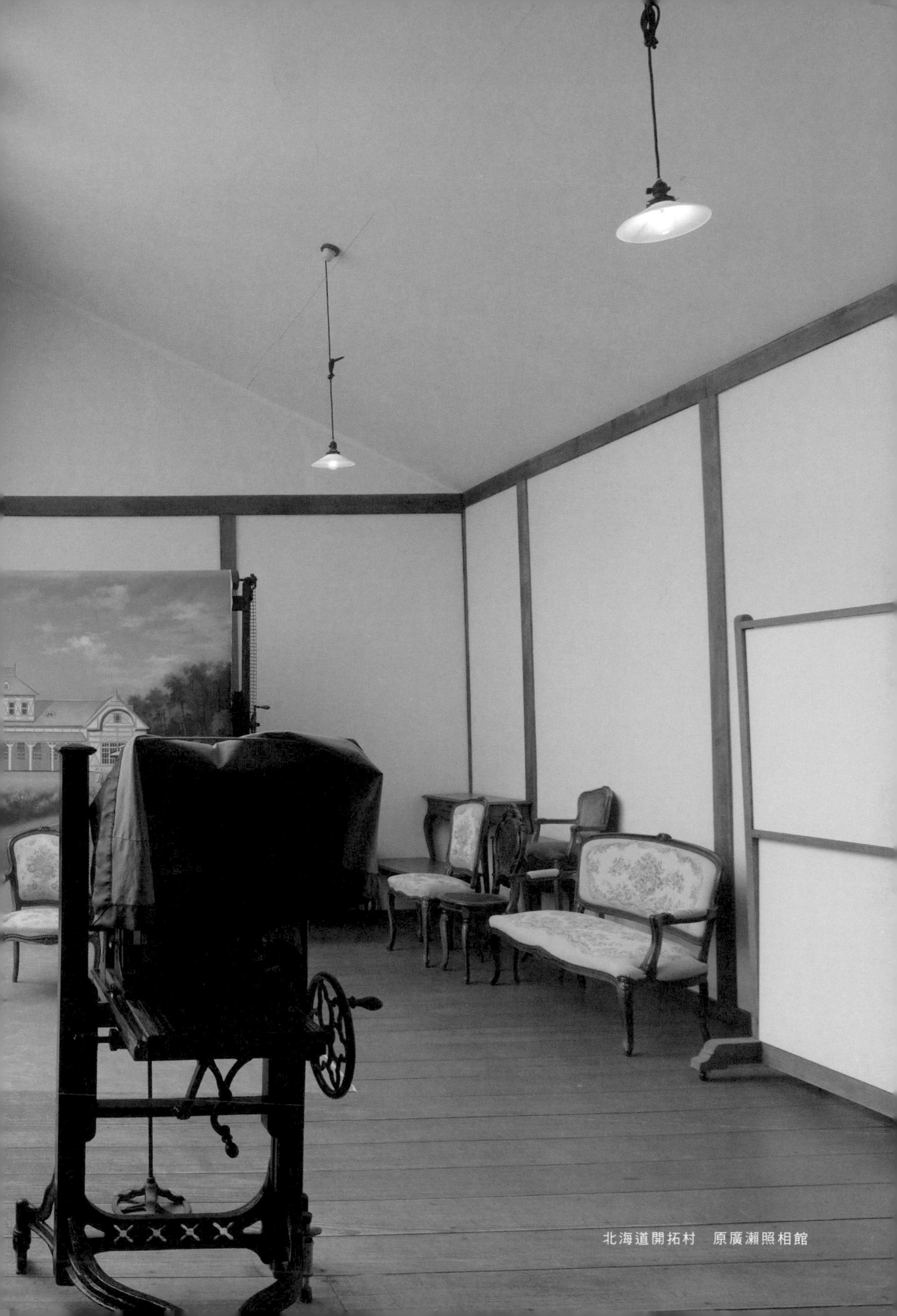

北海道開拓村　原廣瀨照相館

畑地區的柿乾燥小屋

沖繩的 Angama 舞蹈

南保留太郎商店

沖繩海鹽研究所　採鹵塔

育馬場廄舍

中野屋

竹苞書樓

松井線香製造店

目次

第一章　造物之窗

第二章　食品加工之窗

第三章　買賣之窗

第四章　越境之窗

序文

窗的周邊聚集了光、風等自然的作用，還有倚靠窗邊的人們的各種行為。根據這樣的假設，我們調查世界各地的窗，整理出什麼樣的窗才能與氣候風土、文化習慣維持均衡，建構出《窗，光與風與人的對話》（WindowScape 窓のふるまい学）一書。在《窗，時間與街景的合奏》（WindowScape 2 窓と街並の系譜学）中，我們將街巷空間的窗依反復的複雜韻律分成數種模式，以窗做為集合體的角度觀察，再從因應時代產生的技術或樣式的變遷、促成變遷的窗戶生產體制、制度的均衡等面向，統理出窗的系譜。接續上述已出版的兩本著作，本書深入日本手工製造的現場，觀察窗如何串連物、人、自然與街道。

萌芽於英國的工業革命傳到日本，從明治時期引入的工廠機械工業時代開啟篇章。第二次世界大戰後的昭和時代，大量生產與大量消費刺激經濟成長，產業由小規模拓展成大規模，運用機器生產取代手工人力，製作物品的環境的轉變同時影響了建物和窗的型態，窗所引入的自然光由人工照明取代，通風和換氣功能也替換成機械換氣設備或空調。伴隨工業社會的進步，謹守古來工序的手工製造的價值在今日重新被認識。促成轉變的背景，是因邁入生態社會，凸顯了由生產、消費、拋棄的循環所架構的工業社會的極限；更甚者，對企求自給自足生活的人們來說，工業社會反而日漸讓人覺得窒礙難行。手工製品的背後，不只是保有面對面關係的事物的相關聯，沿著前者摸索，還能產生甚至可接近身邊自然環境的開放感。對他者盡責的事物彼此相關聯，且贊同由此關聯衍生出的故事的購買行為也日益增多。那麼，我們周邊的工業化的窗是否也可能述說出相同的故事呢？以此角度觀察日本從事手工製造的作坊和作業場，確實存在與人們共存共事、堪稱最佳配角的窗。

照射室內之物的光、使之乾燥的風、加工產生的熱、燻製形成的煙、蒸騰的水氣，窗將這些自然元素引入室內，或者排除多餘分量，是每日工作不可或缺的夥伴。自然元素穿梭在製作過程中串連彼此，其作用透過窗介入物與人之間，進而改變物的性質，這一切其實無比生動豐富。舉例來說，為陶瓷器上彩時，能辨別色彩極為重要，從而由北側引入均勻的漫射光；為了乾燥布料，匯聚從南側照入的日光轉換為熱能。此外，以大型天窗聚集日光，使鹽水的水分蒸發來製鹽；或反過來遮蔽日照以陰乾物品。能夠依窗的結構形式或位置等調整的日照，是製作加工時必不可少的資源。在反覆調整的過程中，人們不只學到技術，對自然現象或微氣候的感受程度也提升。又像是那些經營已久的小商店，透過窗口交易，或在窗邊的展示櫃陳列商品，或在靠近窗的工作台上烹調。人們勤奮工作的樣子，藉由窗賦予街道生氣與熱鬧氛圍。商店的窗邊串連起物、人與街道。物與人、自然元素、街道，彼此的關係如此層層疊加，並在過程中加入各種考量，最終催生出獨特的窗戶形式。反之，如果沒有窗，許多事物將各自為政，無法發揮作用。正因為有窗，使得沉潛在形形色色自然元素的作用、人的行為當中的可能性得以發揚。在這樣的關聯中，無論人、物、自然都巧妙地調整自我的定位。這些「做工的窗」在我們背後默默支持每日工作持續進行，協助養成技術，帶給我們與非人的事物同心協力完成製品的樂趣。

「做工的窗」乍聽之下或許是不可思議的說法。如果認為只有能取得追求的效果或結果、薪資等報酬的，才能稱為工作，那麼在工作的變成只有人類了。然而，正如上述的說明，在手工製造現場，勞動的不是只有人，一起工作的包括自然、物，還有窗。各式各樣的元素彼此形成良好聯繫，完全可說是工作本身。而我們將在這些事物的關聯當中重新定義工作，這種生態反轉的方式稱為「工作學」。

研究目的和方法

我們從日本各地製作物品的現場，包括作坊、商店、祭典等，蒐集那些與人們一起「做工的窗」，並針對個別案例的實際狀況，研究其中物、城鎮、自然、人等事物的相互關聯，旨在找到窗在其中的定位。這就是「窗的工作學」。

所謂「做工的窗」是一種擬人化的譬喻。窗不會依自我意志勞動，所以或許用「窗的功用」來形容更準確。但使用「窗的功用」一詞，表示我們無意識地從目的或功能的角度評論窗。如此一來，只要出現能滿足相同目的或功能的其他手段，窗也就變得可有可無。能以其他手段替代窗，源自採用目的或功能等以人為本的價值觀。然而，本書這項研究所追求的，事實上是暫且擱置這樣以人為本的價值觀，著眼於窗的存在本身。

那麼，不以目的或功能分類，又該如何描述窗呢？這項研究採用的方法是討論窗與什麼樣的事物一同存在，這些與窗同在的事物又如何作用、彼此相關。抱持這樣的觀點，製作物品的作坊、在買賣和祭典中登場的窗，無論是相關聯事物的多樣化或其作用都顯得分外引人注目。它們一方面就像普通住居的窗，能觀察到光、熱、風等自然的作用，又或人的行為、物質的作用，另一方面在相互牽扯下，彼此的關係急遽強化、緊緊相扣。除了人之外，自然元素，當然還有窗，都在勞動著。

在這般迥異事物的協力作用下，加工物品，創造出賦予街道生氣的風景。然而，平衡一旦崩潰，彼此不再有關聯，協力關係也將崩解，事物又會各自為政。這項研究中的窗，雖然本身既非製造、買賣的對象，也不是祭典的主角，卻是去除它之後將損及窗之外事物聯繫關係的存在。

如此說來，「做工的窗」是因應氣候或自然特徵而生便不言而喻。為了確保研究案例的多樣化，我們在日本各地進行田野調查。2014 年和 2015 年的兩年間，我們研究室在日本全國三十二個都道府縣的八十二個城鎮，造訪製作物品的作坊、商店、祭典，從兩百三十五棟建物中蒐集到兩百七十八件「做工的窗」案例，並擷取其中七十九件案例出版為本書。針對各案例的調查內容，包括觀察窗周邊的主要產業或形成的背景、訪談營運管理者或使用者、實際測量窗並留下影像。再回到研究室，以前述調查為基礎，描繪出窗戶，並疊加畫上事物之間的關聯（相互關聯圖）。如此一來，做為自然元素的作用、做為物與人的作用之間的節點，這樣的窗便會浮現。或許可以說，這是窗最詩意的存在形式。為了簡潔說明窗這樣的存在，我們選擇了俳句或短歌的手法，直排在頁緣，若大家能欣賞享受每一首窗詩將是我們的榮幸。

本書遵循整合於關聯性當中的事物或直接作用與否等觀點，將「做工的窗」做分類。

篇章結構上，第一章是貼近陶藝、漆器、染布、和紙等手工製造的「造物之窗」；第二章是取自製造柿乾、鹽、腐皮、煙燻海鮮等製造作業場的「食品加工之窗」；第三章是陳列商品、烹調、販售的「買賣之窗」；第四章則是可見於城鎮祭典、動物飼育、眺望台等處的「越境之窗」。

調查地和作業

以文獻或網路文章等羅列調查的候選地點，選定其中共計八十二處進行調查，包括：與土、水等地區資源有關的手工製造物品或傳統產業的作坊；受各地氣候風土影響所生產農漁加工特產品的作業場；京都或各驛站城鎮（宿場町）的町家；東京下町的商店；其他處所；祭典集會所；畜產設施等。範圍遍及日本全國各地，北至北海道、南到沖繩。

【造物】
益子燒／益子、袖師燒／松江、龍門司燒／始良、讀谷山燒／讀谷村、
有田燒／有田、輪島塗／輪島、南部鐵器／盛岡、堺刀具／堺、鍬／三條、
建築五金／墨田、蒅藍／石井町、藍染／益子・八女・旭川、加賀友禪／金澤、
京友禪／京都、濱松注染／濱松、尾州織品／一宮、手織地毯／東村山、
生絲／白山・上田・八幡濱・藤岡、出雲和紙／松江、線香／豐川・淡路、攝影／札幌、
弦樂器／盛岡、提燈・傘・木牌／墨田、鐘錶／大崎下島、洗衣／曳舟

【食品加工】
柿乾／畑、麝香葡萄／津高、鹽／粟國島・天草・赤穗、柴魚／土佐、煙燻蘿蔔乾／湯澤、
鹽漬鮭魚／村上、煙燻海鮮／余市、腐皮／京都、米麴／金澤、番薯燒酒／枕崎、
威士忌／余市、宇治茶／宇治、八女茶／八女、麻糬／小樽、飼料玉米／札幌

【買賣】
舊書／京都、船具／鞆之浦、藥／伊勢、竹細工／村上・內子、
簾／京都、肉品／曳舟、鰻／曳舟、配菜／谷中・綠丘、郵政／札幌

【越境】
大津祭／大津、日野祭／日野、Angama ／竹富、上馬神事／多度、
弓道／札幌、畜產／札幌・江別・沙流、眺望台／高岡・小樽、
太鼓／松山・白山、書齋／松山、批發商／石岡

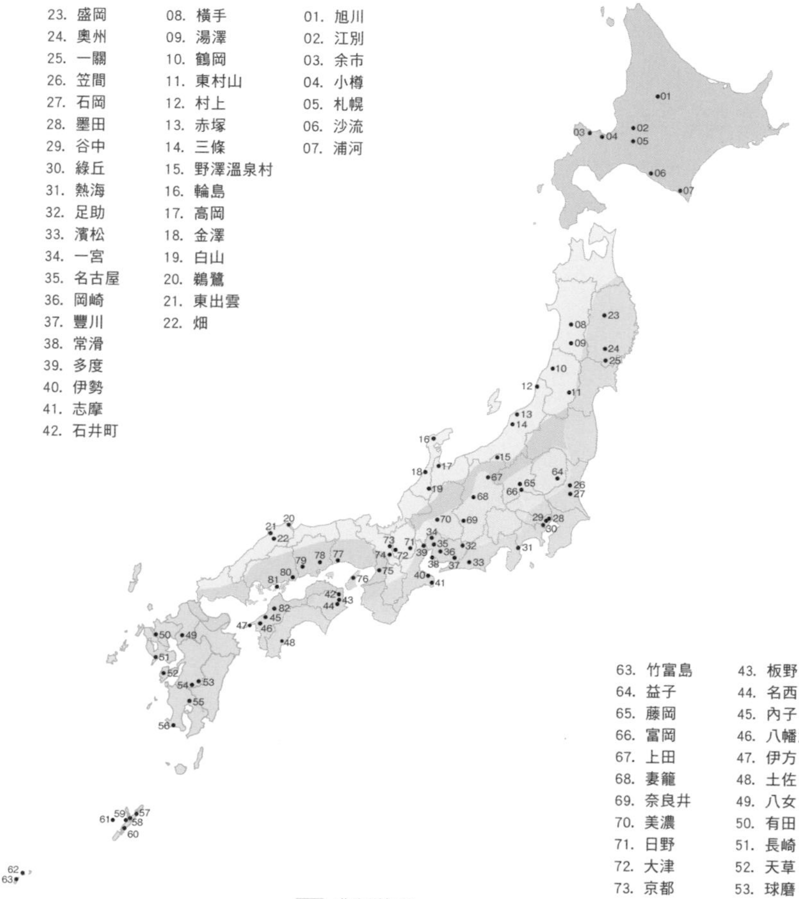

01. 旭川
02. 江別
03. 余市
04. 小樽
05. 札幌
06. 沙流
07. 浦河
08. 橫手
09. 湯澤
10. 鶴岡
11. 東村山
12. 村上
13. 赤塚
14. 三條
15. 野澤溫泉村
16. 輪島
17. 高岡
18. 金澤
19. 白山
20. 鵜鷺
21. 東出雲
22. 畑
23. 盛岡
24. 奧州
25. 一關
26. 笠間
27. 石岡
28. 墨田
29. 谷中
30. 綠丘
31. 熱海
32. 足助
33. 濱松
34. 一宮
35. 名古屋
36. 岡崎
37. 豐川
38. 常滑
39. 多度
40. 伊勢
41. 志摩
42. 石井町
43. 板野
44. 名西
45. 內子
46. 八幡濱
47. 伊方
48. 土佐
49. 八女
50. 有田
51. 長崎
52. 天草
53. 球磨
54. 人吉
55. 姶良
56. 枕崎
57. 國頭村
58. 名護
59. 讀谷村
60. 北中城村
61. 粟國島
62. 石垣島
63. 竹富島
64. 益子
65. 藤岡
66. 富岡
67. 上田
68. 妻籠
69. 奈良井
70. 美濃
71. 日野
72. 大津
73. 京都
74. 宇治
75. 堺
76. 淡路
77. 赤穗
78. 津高
79. 井原
80. 鞆之浦
81. 大崎下島
82. 松山

北海道氣候
中央高地氣候
日本海氣候
太平洋氣候
瀨戶內氣候
日本海、中央高地氣候
太平洋、中央高地氣候
太平洋、瀨戶內、中央高地氣候
• 調查地

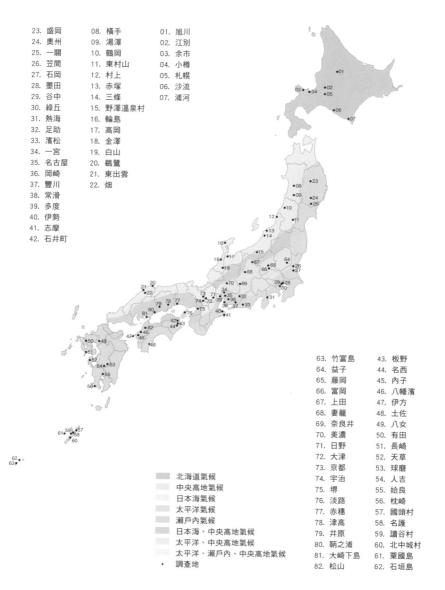

調查方法

實地調查內容包括訪談工匠和店主、拍攝窗周邊照片、實際測量。根據測量結果繪製等角圖，以線段連結人、物與光、風、熱、煙、水氣等要素，製作「相互關聯圖」，疊加在等角圖上。

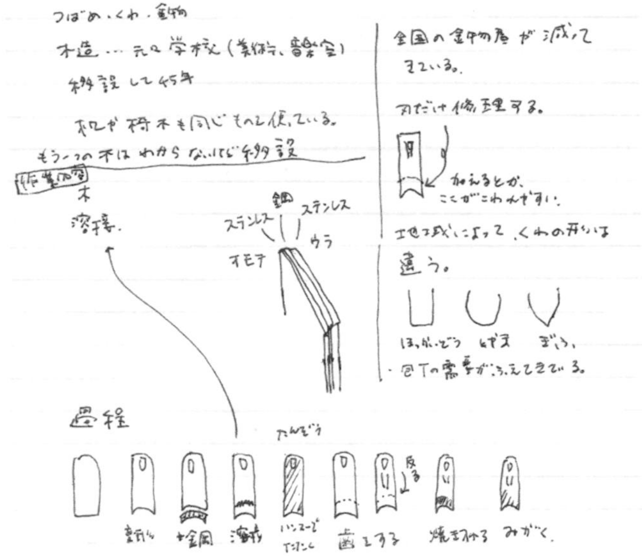

訪談筆記

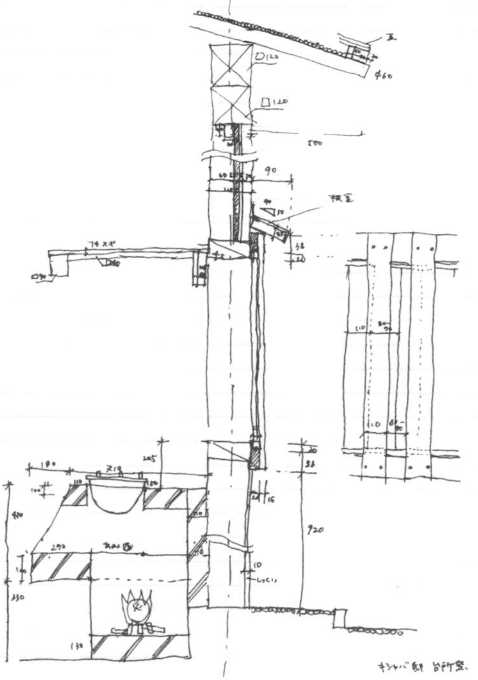

實際測量筆記

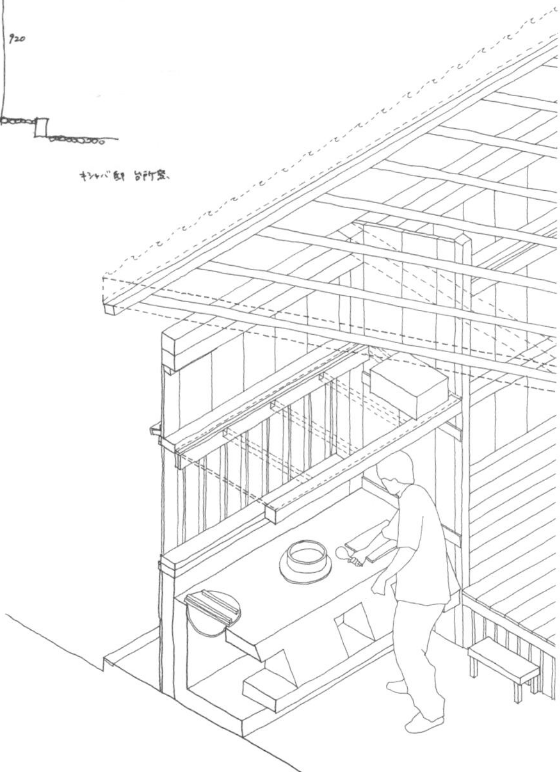

等角圖

窗的相互關聯圖

除了與人和物的關係之外，窗也是光、熱、水氣、煙、風等自然元素作用的節點，為了顯示它們互相影響的關係，將個別元素以線段連結繪製「窗的關聯圖」。圖中的元素包括：工匠或店員等人、材料或商品等物、熱或水氣等自然元素。

以「濱田庄司紀念益子參考館」為例說明。陽光透過窗戶照射著成形中的陶器，映照於轉動轆轤的工匠手上。此外，自工匠上方橫梁垂吊而下的棚架上，放置著成形完成的陶器，藉由從窗口吹拂進來的風乾燥。屋簷下設有同樣的棚架，用來陰乾陶器，下方儲放了陶土和薪柴。它們彼此的關係可繪成圖 1 的「相互關聯圖」。

[圖 1]

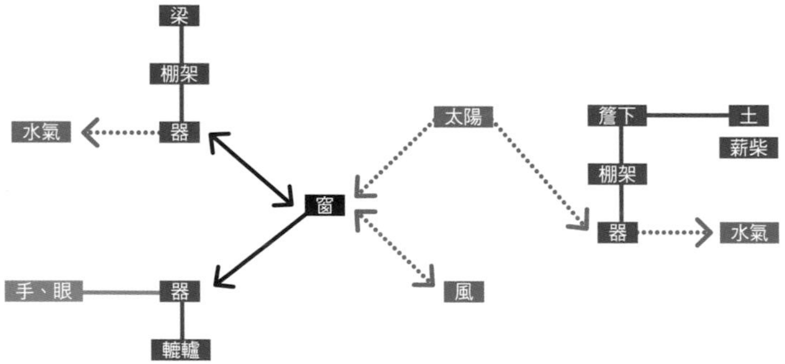

圖 2 是將相互關聯圖疊加在等角圖上繪成。書中所有範例皆繪製這樣的等角圖與相互關聯圖，以定位窗在其中扮演的角色。

[圖 2]

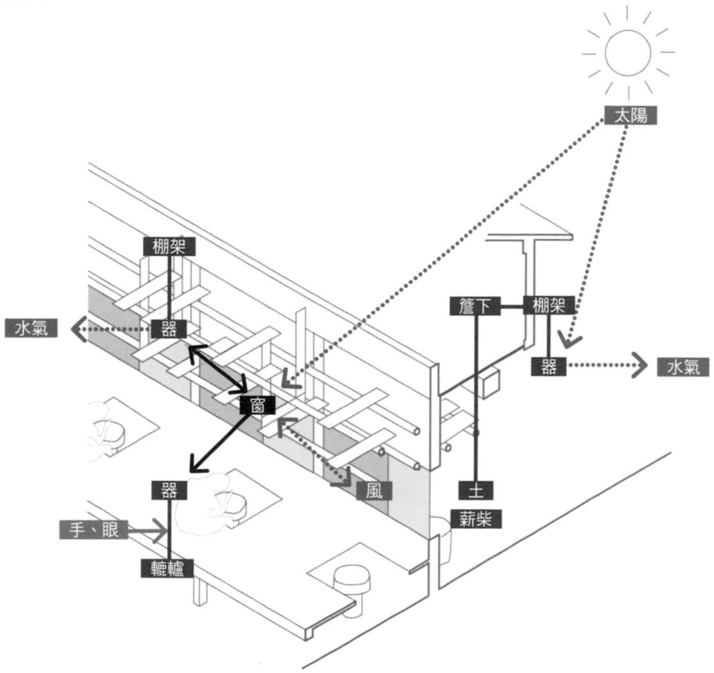

第一章

造物之窗

日本各地的傳統產業或手工製造業中，許多資源不可或缺，包括製作陶瓷器的優質土、洗滌絲線或布帛的水等地區自然資源，以及技藝高超的人力資源。很多工業化的作坊依賴換氣設備、空調、乾燥機等機械，從事手工製造的作坊卻非如此，窗在製作過程中扮演重要角色。從窗引入光和風，再從窗排出作業過程中產生的熱、煙或水氣。本章介紹因應製造物品而發展成熟的獨特窗戶。

濱田庄司紀念益子參考館　細工所

濱田庄司記念益子参考館　細工所

◉栃木縣芳賀郡益子町

位於栃木縣益子町，曾為陶藝家濱田庄司的作坊。陶藝須歷經成形、乾燥、燒製的工序，細工所進行的是陶器的成形與乾燥。其中設有一整排面南的雙向橫拉糊紙窗（障子），以照亮工匠轉動轆轤的雙手。窗邊鋪設板材讓工匠可以坐著工作，並裁切掉轆轤周圍的部分地板，便於以腳轉動轆轤。轆轤上方是自橫梁懸吊而下的棚架，用來乾燥已成形的陶器。外側深出簷下同樣吊掛了棚架，架下是儲放陶土的甕和燒製所需的薪柴。

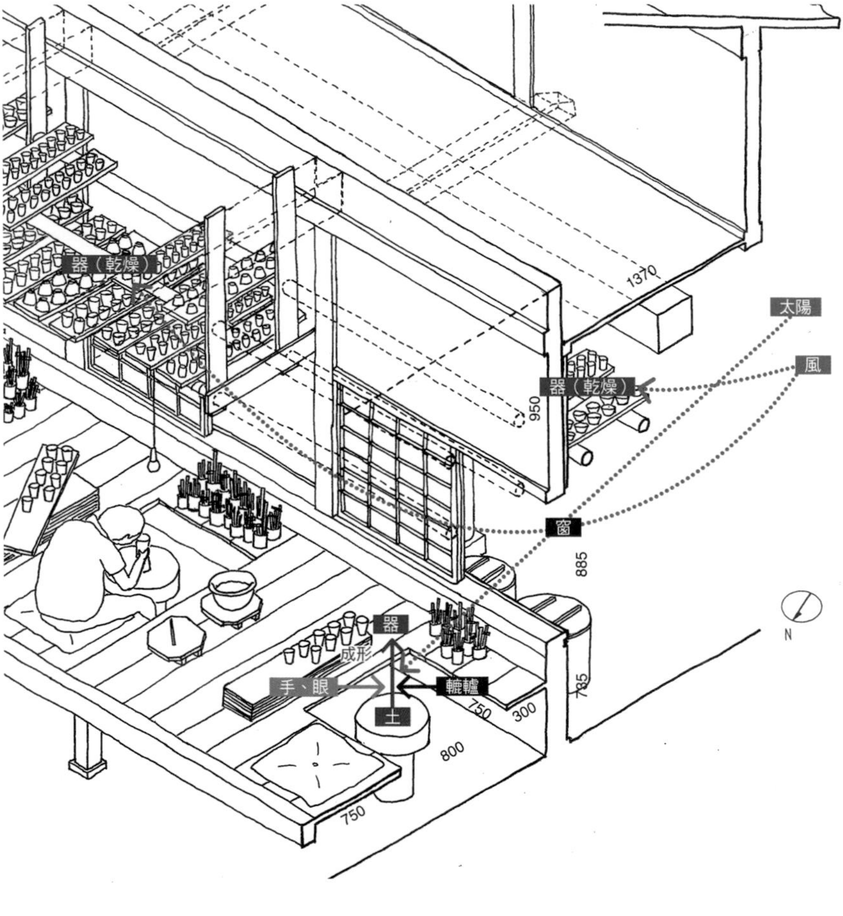

里山の　庇の奥の　土と手を　照らせよ障子　まわせよろくろ

深山聚落裡　探看屋簷底深處　成排障子窗　去照亮那土與手　去轉動那轆轤吧

上／與益子參考館細工所同樣形式的水平連窗
下／在窗邊進行成形作業的情景

濱田窯目前實際運作的細工所。沿襲與參考館細工所相同的建造形式，但為了防範冬季寒氣，在障子外側加裝雙向橫拉玻璃窗。室內側的玻璃面會結露，使水滴滲入障子下部留下水痕，所以只有下部兩排格柵的障子紙貼在室內側，避免紙張受潮

［遮雨窗板開闔方式］

上下推拉式的遮雨窗板（雨戸），將木片插入外框上的孔洞，即可固定在內窗上

袖師窯

袖師窯

◉島根縣松江市

位於島根縣松江市，明治 26 年（1893 年）建成的窯廠作業場。由主屋延伸而出的單坡屋頂下方空間為細工所，面向庭院設置了間距緊密的整面木格玻璃窗，轆轤設在窗邊。為了引進更多光照，在頂部開設彷彿要貫穿單坡頂的屋頂窗（老虎窗）。屋簷之下是供成形的陶器乾燥用的平台，薪柴、成形用工具分別放在平台下方和屋簷內側。

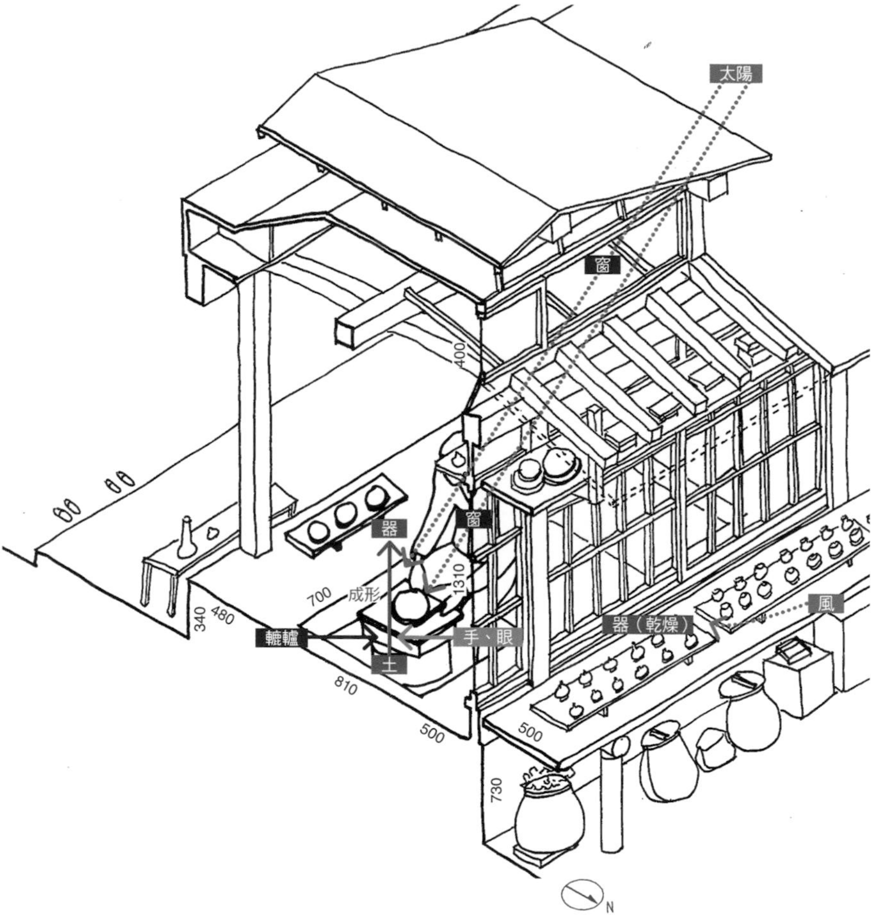

袖師燒

下屋（げや）破る　ドーマー窓の　光浴び　器生み出す　土に添える手

屋頂老虎窗　像要横貫單坡頂　引日光灑落　照亮陶工匠雙手　巧塑陶土成器物

龍門司燒企業組合　窯廠

龍門司焼企業組合　窯元

◉鹿兒島縣姶良市

位於鹿兒島縣姶良市的共用窯。用當地的土和釉藥原料製作陶器。作業小屋設有成排木製雙向橫拉窗門，不僅提供成形作業時所需的光線，亦能引入風以乾燥陶器。出簷深度極深，其下放置陶土原料或成形完成的陶器。雙向橫拉玻璃窗以兩扇為一組，其中一扇的玻璃整面貼上和紙；另一扇平分上下兩段，上段貼附和紙、下段維持玻璃窗面，這是最適合客人與工匠視線互動的尺寸。

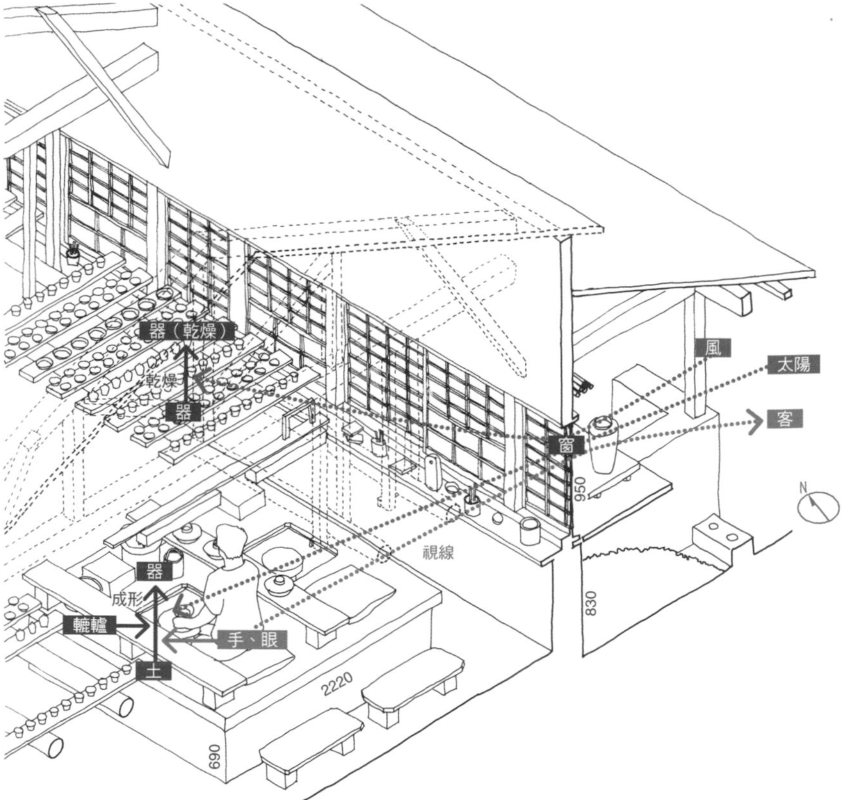

業照らす　四半(しはん)ガラスの　障子窓　誘わるる客　技に魅せられ

引光進陶坊　四分之一玻璃的　成排障子窗　風聞而至的來客　著迷於工匠技藝

讀谷村陶瓷之鄉　北窯

読谷村やちむんの里　北窯

◉沖繩縣中頭郡讀谷村

位於沖繩縣讀谷村，1992 年建成的讀谷山燒窯廠。建物環繞庭院呈 L 型，設有四處作業場供四位工匠使用。作業場由工匠自行設計搭建，建物的柱和梁使用早已報廢的電線桿。用來通風和採光的木製雙向橫拉玻璃窗分成上下兩段。此外，因應沖繩強烈的日照而設置了深出簷，工匠背對窗戶轉動轆轤，屋簷下放置上釉藥前要暫時陰乾的成形陶器。

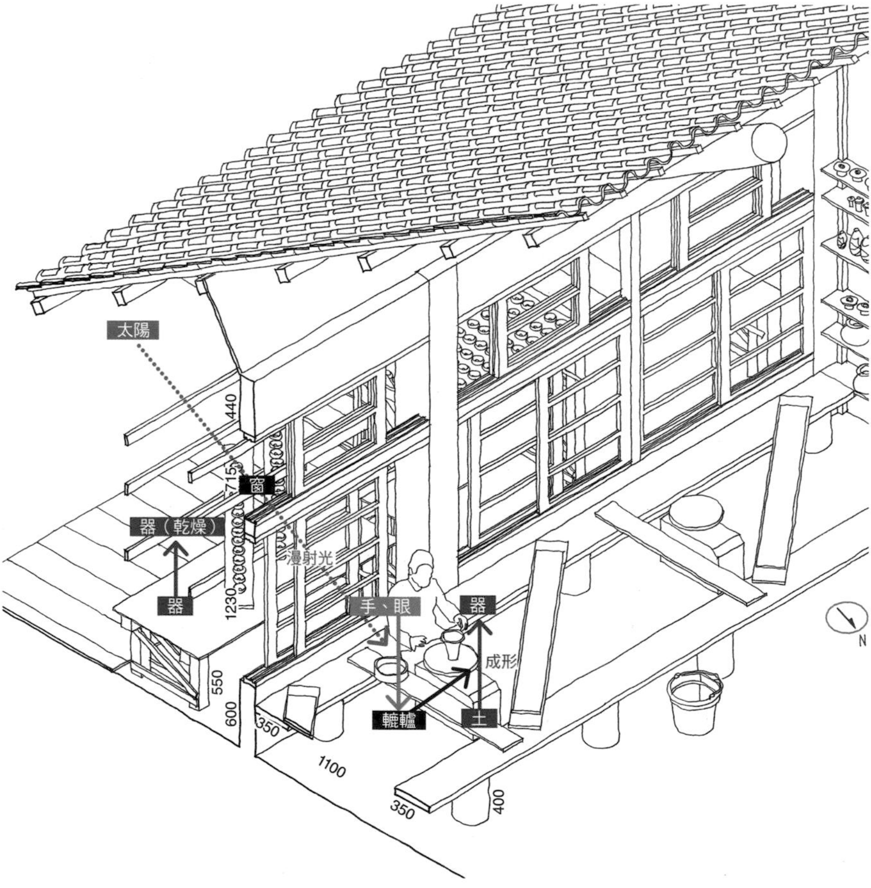

読谷村　灼熱遮る　軒下の　その手暗がり　ろくろは回る

讀谷村落裡　陶作坊上深出簷　遮擋住豔陽　屋內製陶手昏暗　不停地旋轉轆轤

源右衛門窯

源右衛門窯

◉佐賀縣西松浦郡有田町

在佐賀縣有田町設窯已有兩百六十年歷史的有田燒窯廠。這間作坊建於明治初期。瓷器不同於陶器，以製作同色、同尺寸器物為特色。工序包括轆轤成形、乾燥、素燒、上彩、施釉、窯燒，只塗上藍彩或增添紅彩都會改變所費時間精力、燒製次數等。上彩作業的空間應明亮、安靜、少塵埃，因而以木製雙向橫拉門區隔出深度 1 間（約 1.8 公尺）的房間進行這項精細作業。房間正對來自南側草地庭院的明亮光線，當直射日光過於強烈時，可拉下捲簾調整光量。

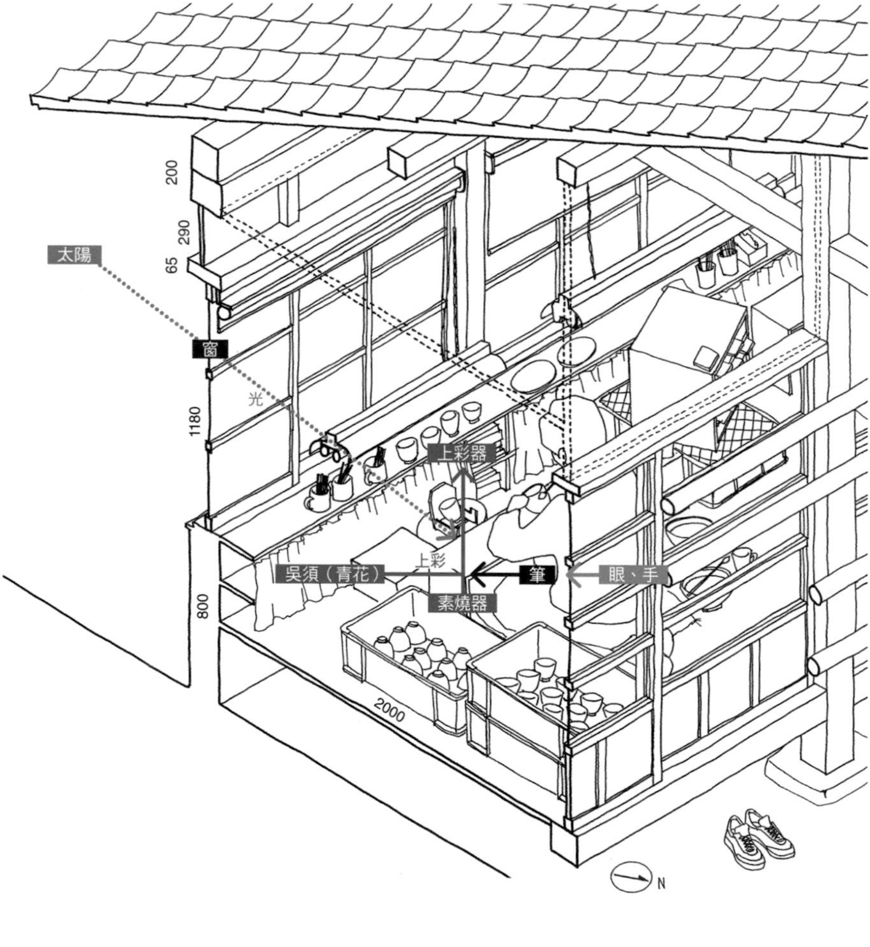

光浴び　白磁に踊る　青の呉須

沐浴日光中　白瓷上線條舞動　青花呉須藍

[源右衛門窯作業工序]

1. 成形→ 2. 素燒→ 3. 染付（青花）→ 4. 施釉→ 5. 釉藥調整→ 6. 窯燒

在這座窯廠，工序 1、3、4、5 在同一棟建物進行；「2. 素燒」用瓦斯窯；「6. 窯燒」使用柴燒窯，焚燒日本赤松薪柴，以 1300℃燒製，每年進行兩次，分別在 5 月和 11 月。早期採用登窯（climbing kiln）形式，昭和 20 年（1945 年）開始改採圓頂窯。目前使用的圓頂狀柴燒窯建於平成元年（1989 年）。

[作業工序和平面速寫]

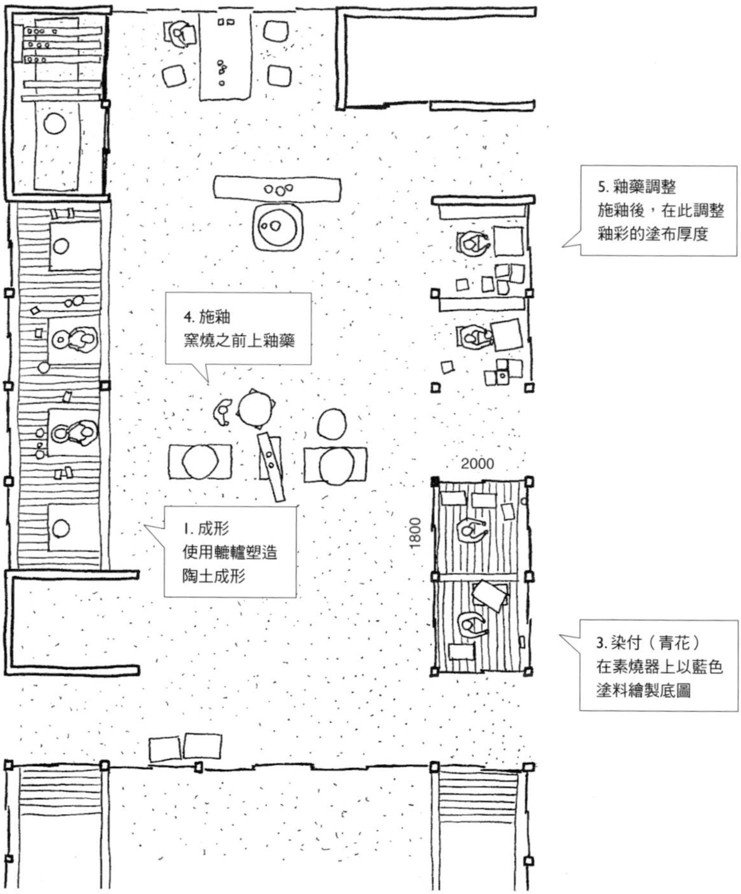
5. 釉藥調整
施釉後，在此調整
釉彩的塗布厚度
4. 施釉
窯燒之前上釉藥
2000
1800
1. 成形
使用轆轤塑造
陶土成形
3. 染付（青花）
在素燒器上以藍色
塗料繪製底圖

上／「1. 成形」的情景。面向北方的轆轤作業
中左／「1. 成形」完成的器物
中右／「3. 染付（青花）」作業情景
下左／「4. 施釉」所用的釉藥
下右／「6. 窯燒」所用的柴燒窯

柿右衛門窯

柿右衛門窯

◉佐賀縣西松浦郡有田町

位於佐賀縣有田町的有田燒窯廠，自 17 世紀持續至今。進行從陶器的成形到上彩、窯燒的所有工序。進行成形工序的作業場建物，為了盡可能確保在上部留設可放置成形完成的陶器的空間，設計上特意下挖夯土地面，在下挖處設九台轆轤和五個濕台，工匠坐於地面，盡量以較低俯的姿勢作業。〔譯注：濕台為陶藝工具，將乾燥到一定硬度的陶器倒扣其上，修除多餘部分〕照亮轆轤的光線由低至地面、分成上下兩段的木製雙向橫拉窗引入。

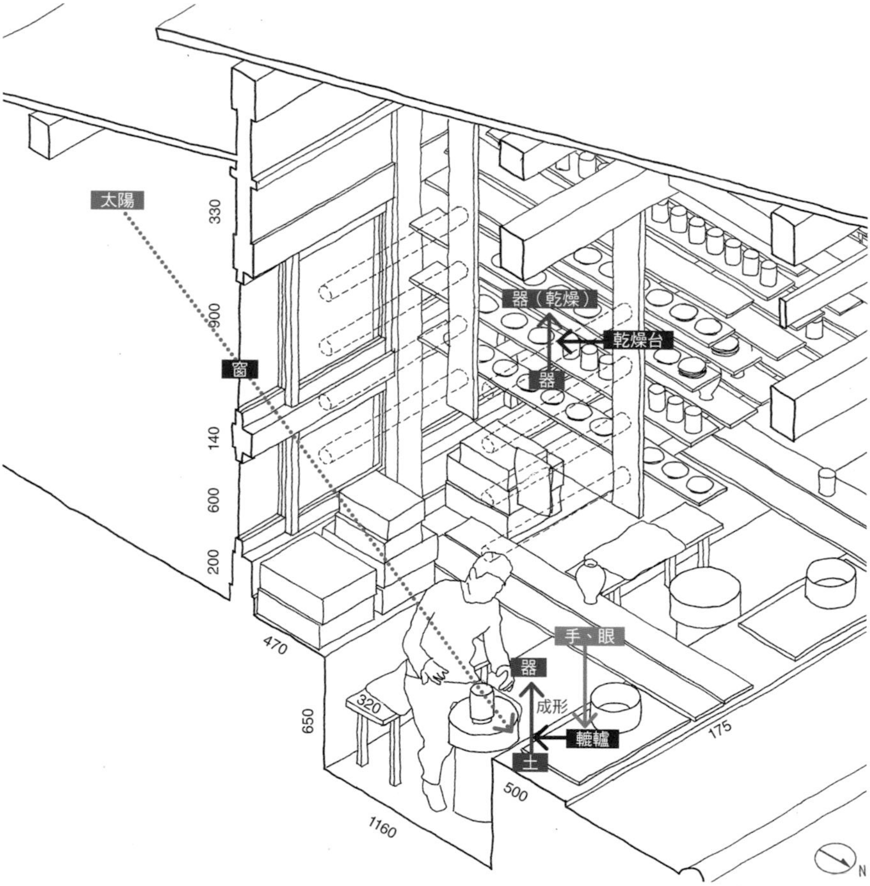

横なぐり　地窓の光　土間を這う　土の丸みを　白く照らさん

亮晃晃日照　燦爛透射落地窗　蔓延夯土地　渾圓滾滾陶瓷器　被照得白熾明豔

大崎漆器店　作業場

大崎漆器店　作業場

◉石川縣輪島市

位於石川縣輪島市，江戶晚期創立，專營輪島塗的漆器店。建物落成於大正時代晚期。建築基地約深百米，至今仍維持「前居後廠」的形式，道路側為居所，後方則是頂部挑高的工作室。製作漆器的工序分為製作木胎、上底漆（下塗）、上表層漆（上塗）、乾燥、上彩。上底漆時，考量手部作業採光並避免柿澀氣味無法消散，在作業場的庭院側裝上從地面高至天花板的窗戶，下部是雙向橫拉玻璃窗、上部是窗格間距緊密的雙向橫拉霧面玻璃窗，以維持穩定的採光和通風。〔譯注：柿澀是將澀柿尚未成熟的果實榨成汁後，經過熟成取得的紅褐色半透明液體，做為漆器底漆之用〕考量上表層漆和乾燥時應避免沾染塵埃，會在屋內深處的倉庫作業。

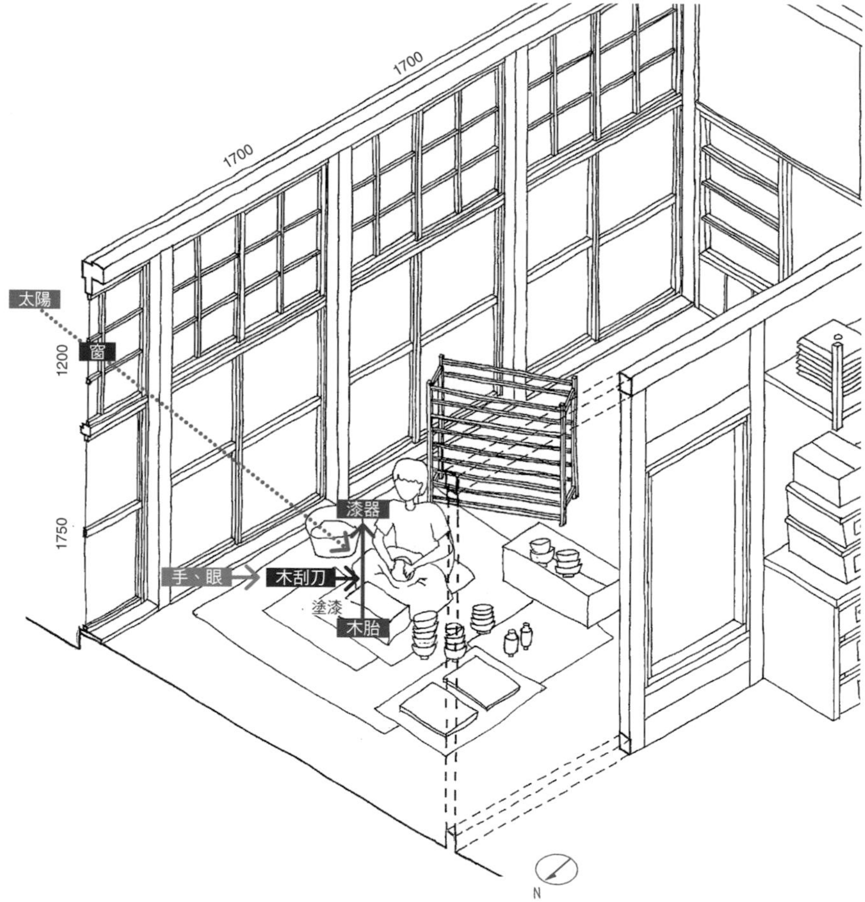

高天井　庭の緑が光る床　座して向きあう　下塗り漆

挑高天花頂　地面反射庭綠光　盤坐慎以對　初上底色的漆器

大崎漆器店　穿廊

大崎漆器店　通り土間

◉石川縣輪島市

大崎漆器店的穿廊間設置了爐灶，用以蒸製完成的漆器，確保漆器品質。高窗可從二樓室內處開關，以便採光並排出爐灶產生的熱或蒸氣。外露於真壁間的柱和梁均經重複塗抹生漆上光。

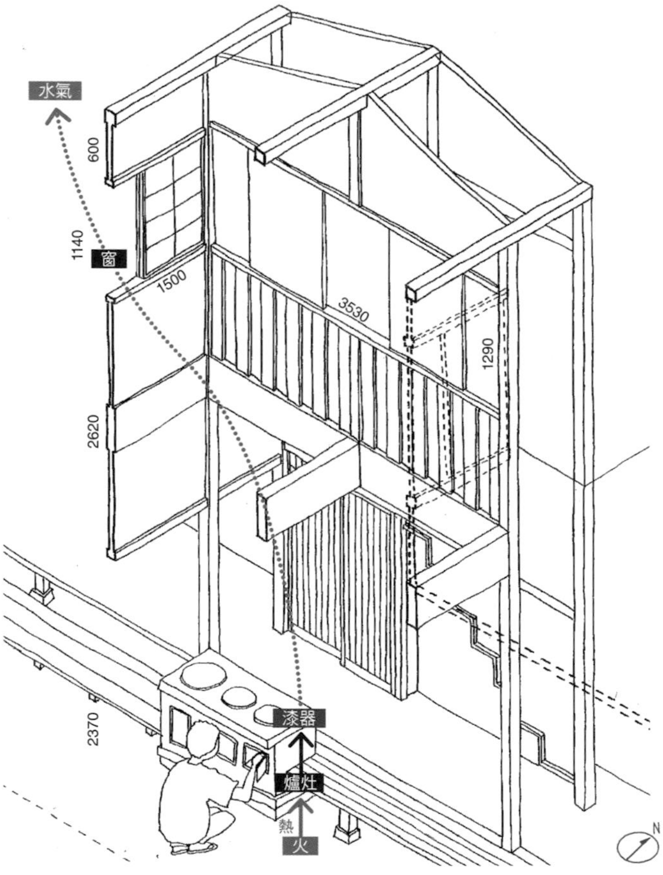

通り庭　柱と梁も　輪島塗

貫通穿廊裡　所見柱條或橫梁　均採輪島塗

鈴木盛久工房

鈴木盛久工房

◉岩手縣盛岡市

位於岩手縣盛岡市，江戶寬永 2 年（1625 年）創立的南部鐵器作坊。目前使用的建物建於發生河南大火隔年的明治 18 年（1885 年）。〔譯注：明治 17 年，盛岡監獄起火蔓延，盛岡中心區域的河南地區幾乎焚燒殆盡〕基地細長又深，配置類似町家，商店、主屋、中庭、作坊接續。作坊內進行鐵器的鑄型、硬固後的研磨作業，為了不讓陰影遮蔽雙手，工匠朝著東南側牆面上方所開設的雙向橫拉窗方向作業。工匠所坐之處上方的高窗，同樣能引入日光。作業場會用到火，所以在屋頂上設置有防止積雪滑落擋板的排煙用窗口，後面只覆蓋網子而不妨礙內外通風。

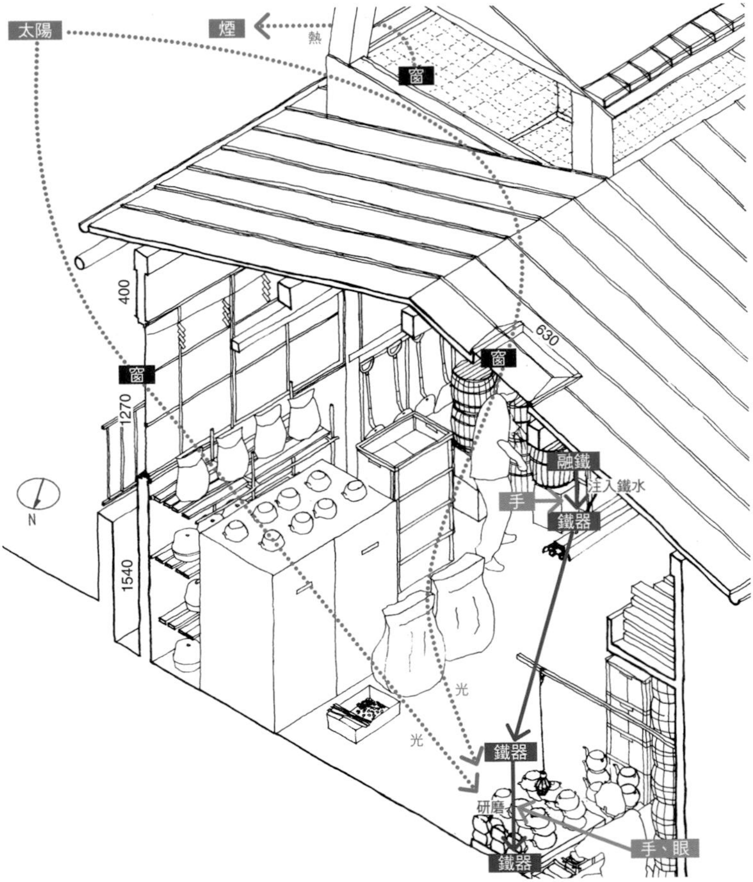

甑より　のぼる火柱　鉄溶かす　越屋根の上　雪まで溶かす

從小小熔爐　直冒而上的火柱　融化了鐵砂　甚而連太子樓頂　所覆白雪都消融

佐助

佐助

◉大阪府堺市

位於大阪府堺市，1867 年創立的鍛打剪刀店。至今仍維持在打鐵爐內加熱鋼材後，鍛打加工製作剪刀的方式。為了排放打鐵爐所產生的熱和煙，在建物挑高部分的穿廊處設置兩層高的開口部，面向中庭側也設置了開口部。穿廊側的窗戶採用無雙窗，讓室內變得較昏暗，以便辨識火焰顏色來確認爐中溫度。〔譯注：無雙窗是在直櫺窗內側加裝形狀相同、可橫拉的窗扇，藉由推拉窗扇露出或關閉格柵縫隙〕

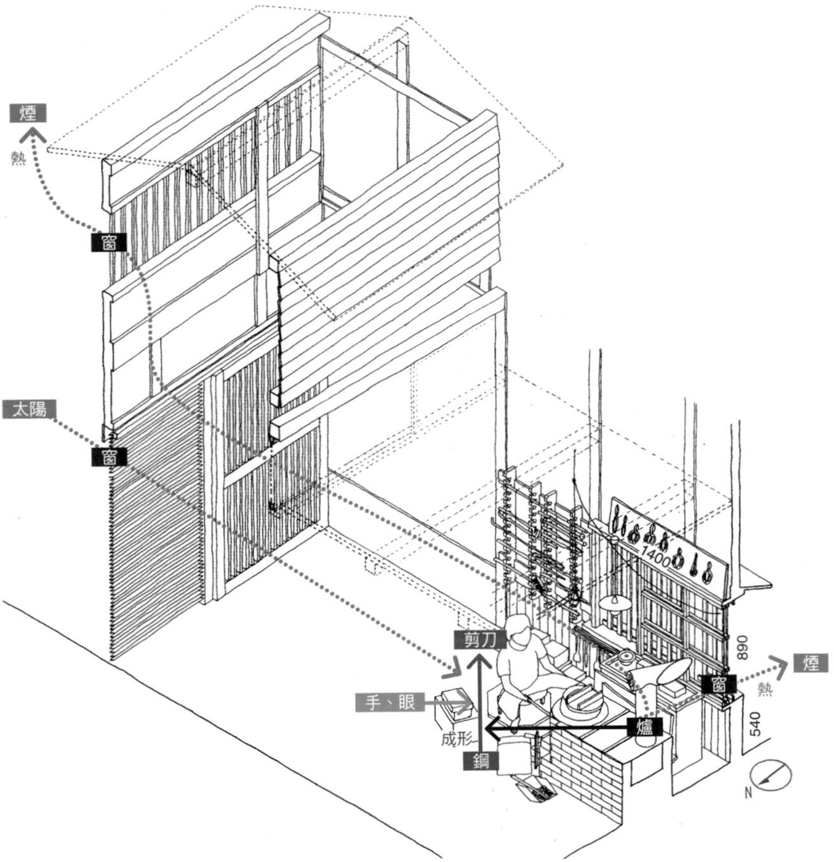

暗がりに　のぼる白煙　仄明かり　響き渡るは　鋼打つ音

昏暗幽冥中　打鐵爐白煙裊裊　微微光火明　震耳聲響遍全屋　鍛打鋼材成剪音

近藤製作所

近藤製作所

◉新潟縣三條市

位於新潟縣三條市，創立逾百年的專製鍛造鍬打鐵舖。做為工廠的建物原本是學校，遷建使用。近年來，打鐵舖日漸凋零，來自日本各地的客製鍬訂單湧入近藤製作所。作業場的天窗和高窗呈水平連續排列，為半透明玻璃的固定窗。高窗之下的機器正在研磨鋼板，打造出鍬的刀刃形狀。未裝設電燈，所需照明完全來自窗戶灑落的自然光。因為鍛造作業只在白天進行，這等亮度已足夠支應。

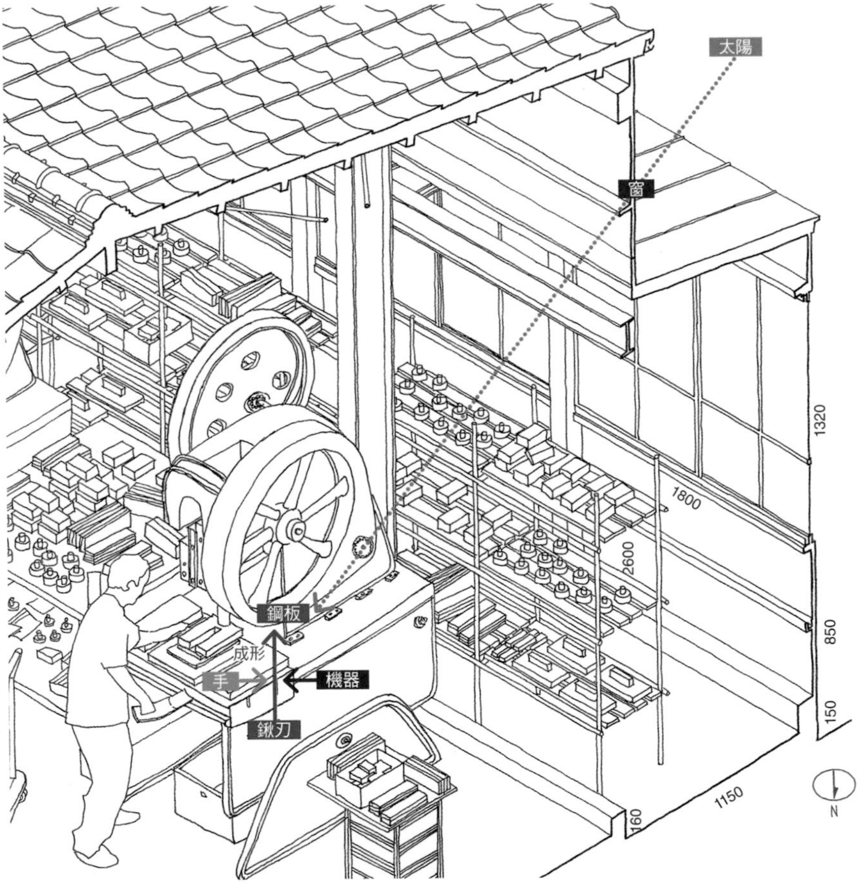

農家ごと　好みの違う　鍬のそり　照らし合わせる　自然の光

務農家戶戶　各自喜好都不同　客製掘土鍬　從窗灑落自然光　描畫出鍬刃形狀

東日本金屬

東日本金属

◉東京都墨田區

位於東京都墨田區的鑄造品工廠。二次大戰後重建工廠之際，買下千葉縣的酒廠倉庫建物遷建。製作無法大量生產的黃銅鑄件，如門窗的拉把或握把等。先依想打造的形狀製作木模，接著使用山砂將木模翻製成鑄模。產自關東近郊的山砂儲放在作業場窗邊，藉由窗戶灑落的漫射光保持一定溫度。將鐵水注入鑄模時蒸發而出的鋅蒸氣和熱，從爐上方設有百葉格柵的高窗排出。

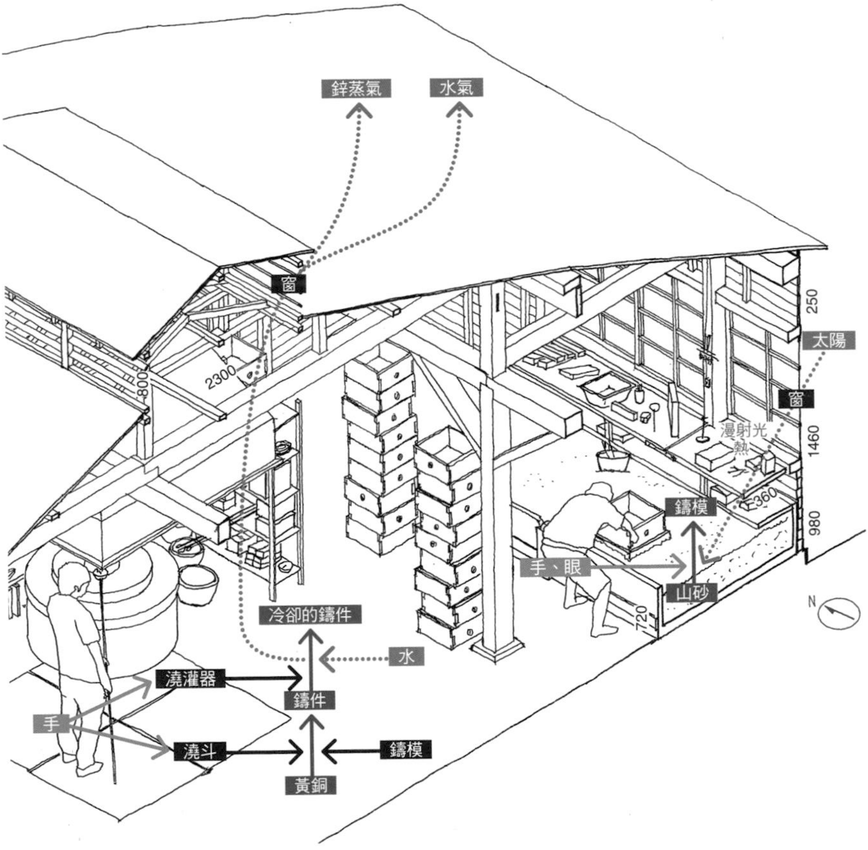

緑炎の　火花盛りし　炉の仰ぐ　窓へと昇る　熱と埃と

青綠燃焰色　迸放出火星燎原　熔爐仰向上　攀升入頂端高窗　熱氣與塵埃交錯

武知家　藍草發酵台床

武知家　藍寝床

◉德島縣名西郡石井町

位於德島縣石井町，文政年間（1818～1829）建成的鋪瓦屋頂木造兩層樓藍草發酵台床。德島縣名西郡位處吉野川的氾濫平原，江戶時代以前就開始製作「阿波藍」。〔譯注：德島在日本令制國時代稱為阿波國，此地著名的美麗靛藍即稱阿波藍〕藍草發酵台床用來發酵乾燥後的蓼藍葉，將蓼藍葉靜置在約 65℃的環境中百日，製造藍染原料「蒅」。目前日本生產的蒅約有九成來自德島。店主為了不讓經日曬乾燥的蓼藍葉受電燈照射，小屋裡未引入電力，而是以開關木製小型拉門來調節光線。發酵中的蒅散發強烈臭氣，作業中須透過窗戶換氣。鐵格柵有防盜功能。

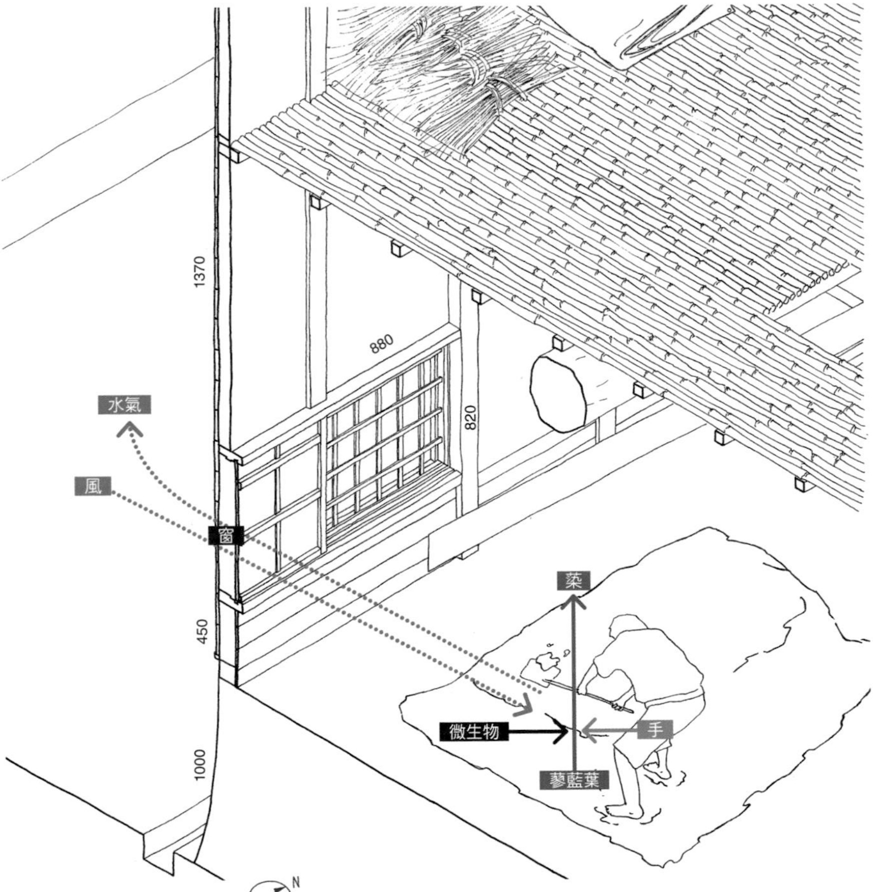

熱こもり　藍よりのぼる　白い湯気　闇に射し込む　光をうつす

悶熱氣氤氳　屋內蓼藍葉蒸騰　魆黑晦暗中　光燦穿窗流瀉入　輝映白濛濛浮煙

日下田紺屋

日下田紺屋

◉栃木縣芳賀郡益子町

位於栃木縣益子町，江戶寬政年間（1789～1800）創立的藍染染坊。將蓼藍葉發酵後製成的蒅，與石灰、熱水一同注入染缸，經過「建藍」過程，始能製成藍靛染料。染缸房夯土地整齊有序地埋入七十二個藍染缸，攪拌原料使其發酵。冬季因為氣溫低於染料自然發酵的溫度，在埋於藍染缸間的火爐內焚燒木糠加熱。染缸房設有可拆式障子和無雙窗，以便排煙。

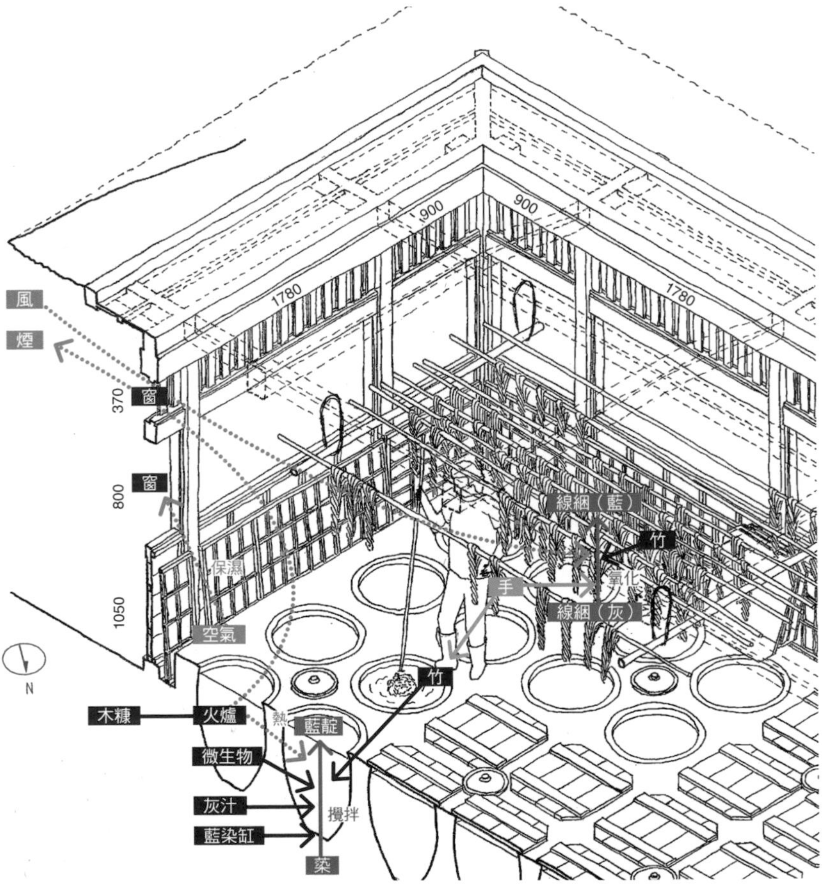

すくも焚き　藍をあたため　糸をそめ　連子まどから　にげだせ煙

焚屑炊薬藍　歷經建藍始成靛　色染棉絲線　從成排細格柵窗　散溢出縷縷煙氣

上／染缸房設有可拆式障子和無雙窗，以便排煙
下左／晚上關起上掀式板門
下右／染缸房的天花板曬著染好的棉線

上／冬季氣溫過低，染料無法自然發酵，在埋於藍染缸間的火爐內焚燒木糠
下／茅草頂的主屋兼作業場

森山絣工房

森山絣工房

◉福岡縣八女市

位於福岡縣八女市，大正時代創立的藍染作坊。至今仍遵循古法製作「久留米絣」。〔譯注：久留米絣是福岡縣久留米市周邊原久留米藩地區製造的絣織，以白線和藍染棉紗製成的織物〕從染色作業場的木製雙向橫拉玻璃窗引入自然光，以辨別藍靛染料的色彩。為了防止藍靛染料接觸空氣而氧化，除非天氣炎熱，否則拉窗一律緊閉。冬季時，以生火加熱的方式維持染料發酵所需的室溫，燃料使用木蠟樹榨取木蠟後的殘渣，所以很少冒煙。如此一來，也罕有為了排煙而打開窗戶。

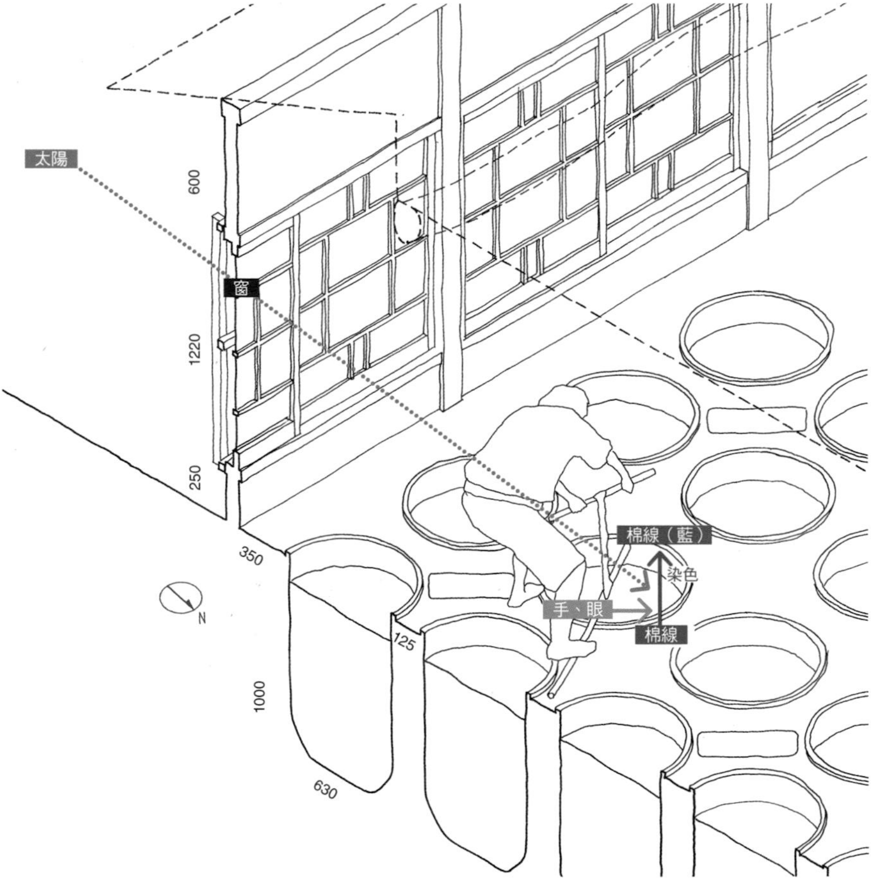

閉めきりの　窓の光が　照らす瓶　すくもかもして　藍建てるまで

染坊窗常掩　陽光滲透玻璃面　照耀藍染缸　缸裡蒅藍繼發酵　一直到建藍完成

加賀友禪染色團地

加賀友禅染色団地

◉石川縣金澤市

位於石川縣金澤市的染色工廠。加賀友禪相關業者原本分布在金澤市內各處，後來組成協會，打造這個染色團地做為共用的作業場。友禪染的工序包括繪製底圖（下絵）、燙平（以蒸氣拉平底布，湯のし）、染色、蒸固色、水洗（友禅流），這個工廠進行從繪製底圖到水洗的所有作業。在作業場中待染上背景色（地染）的布料乾燥後，放入保持在近 100℃的蒸具中加熱數十分鐘，讓布料固色。接著，在人工河中漂洗塗在圖樣內側和輪廓上的漿糊及多餘的染料，水洗過後再度風乾。廠內蒸具的上方，特意將天花板挑高並設置大型換氣窗，以便從上方排出蒸氣。窗戶外側裝設 PC（聚碳酸酯）材質的防雨外罩，下雨時仍可開窗。

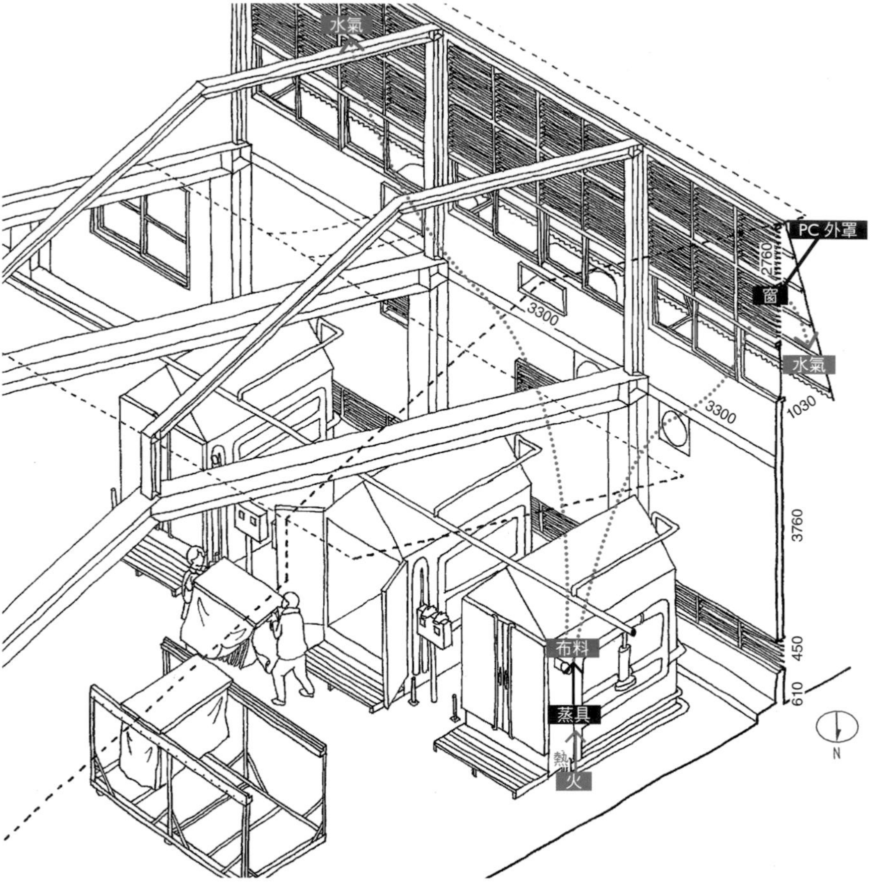

加賀友禪

湯気逃がす　染色団地　透け衣

窗上透明罩　友禪染染色團地　飄散出水氣

上／掛置布料的移動式台架
下左／固定布料背景色的蒸具　下右／自蒸具中取出的布料

在人工河中漂洗染色後多餘的染料或漿糊

共和染色工業

共和染色工業

◉京都府京都市

位於京都市中京區，1896 年創立的染坊。染色作業場設在傳統町家的最內側。在細長的作業場空間中，布料拉向兩端垂吊，染色時邊以自然光確認色調。布料如受日光直射，可能使染料乾燥程度不一，造成顏色不均，因此在窗戶設計上運用巧思，南側是雙向橫拉霧面玻璃窗，北側設置高窗引入自然光，避免日光直射。布料直接在懸吊狀態下染色，然後用繩子拉高吊起乾燥。

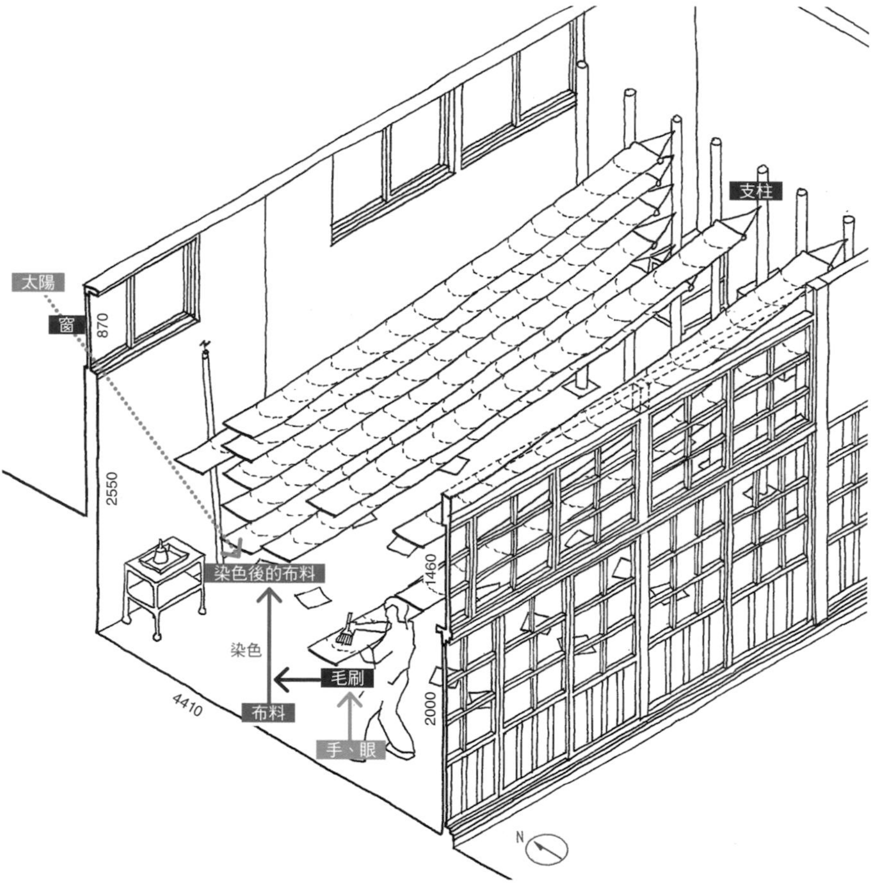

張りつめた　無地の反物　照らすのは　南連窓　北高い窓

吊拉向兩端　未染色和服布料　朗朗太陽光　來自北側高窗與　南邊水平連續窗

近藤染工場

近藤染工場

◉北海道旭川市

位於北海道旭川市，明治 31 年（1898 年）創立的染坊。現在使用的建物改建於 1984 年。生產棉纖維的染色布料，包括主要用於入水儀式的「大漁旗」，一年約製作六百面，還有神社掛旗、暖簾、手巾等。使用「刷毛引染」的方式染布，以稱為「伸子」、在竹枝前端插入針段而成的工具繃緊旗幟，再用毛刷徹底均勻地染上顏色。染整作業時，窗戶用來採光。為了因應北海道的嚴寒、加強隔熱，木製雙向橫拉窗外側加裝了雙層鋁窗。鋁窗下半部採霧面玻璃，避免日光直射。窗外種植了整面朝顏（碗仔花）來遮陰。

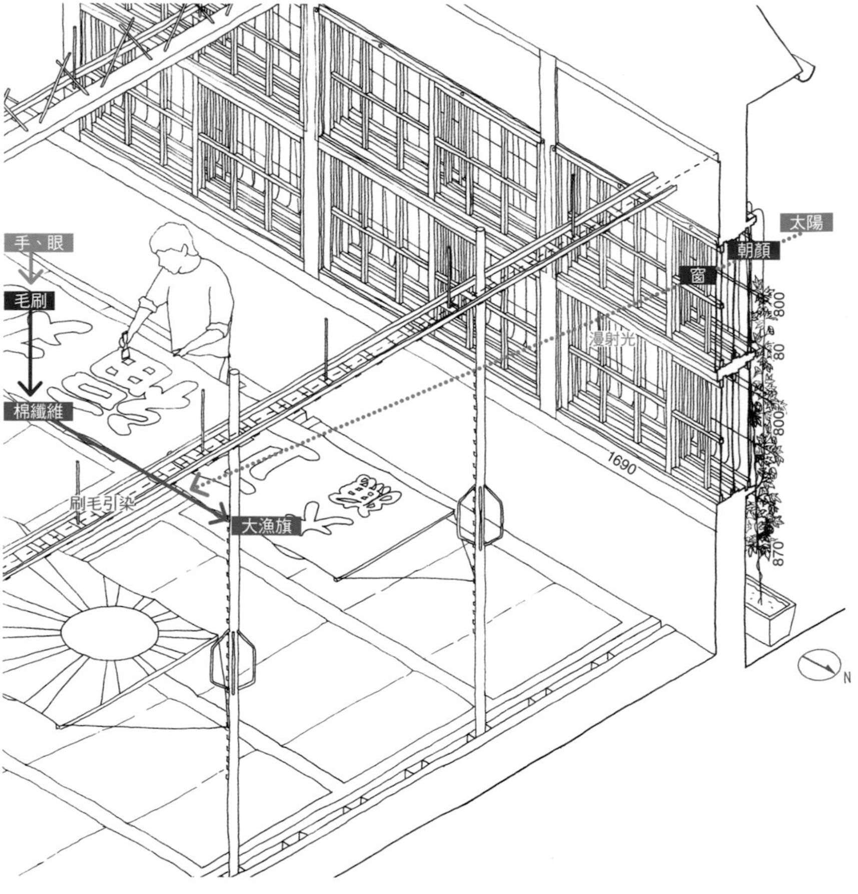

大漁旗

旗を張り　色彩豊か　染工場　冬の陽通す　三重の窓

繃緊大漁旗　五彩繽紛花錦簇　染色手作坊　重層疊加三道窗　穿透進冬日陽光

[大漁旗工序　第一天]

上糊

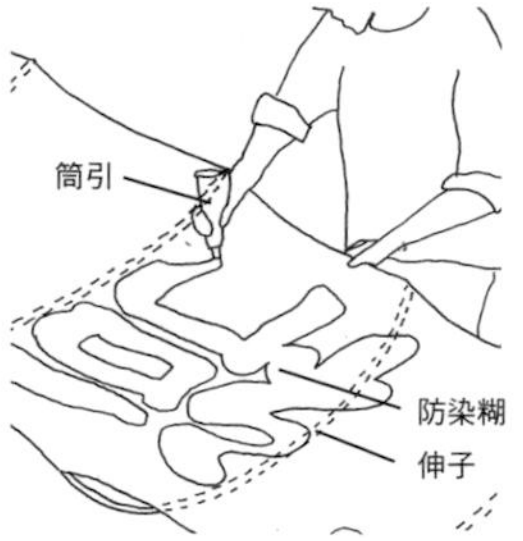

將防染糊塗布在不需染色的部分。

[伸子]

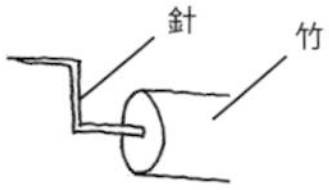

伸子是在細竹前端插入針段而成的工具，用來左右拉開纖維，使其平整，防止圖樣歪扭。

[筒引]

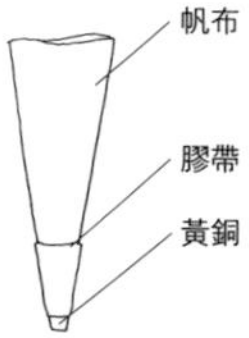

在筒狀容器中填入防染糊，用來寫字或繪圖。防染糊是混合米糠、石灰、糯米、鹽製成。

▼

乾燥

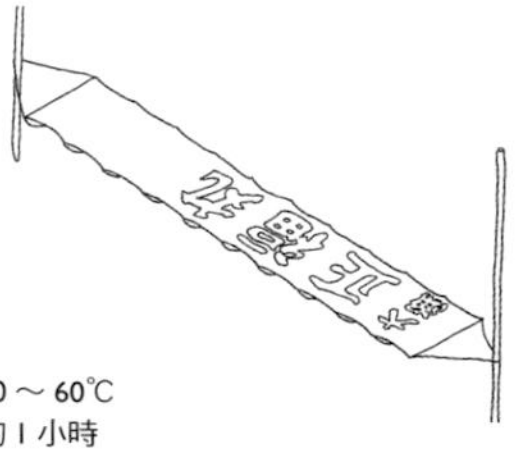

50 ～ 60℃
約 1 小時

靜置於乾燥室等漿糊乾燥，以免與染料混在一起。

上／以伸子拉緊固定的底布
中／筒引
下／乾燥室

[大漁旗工序　第二天]

刷毛引染

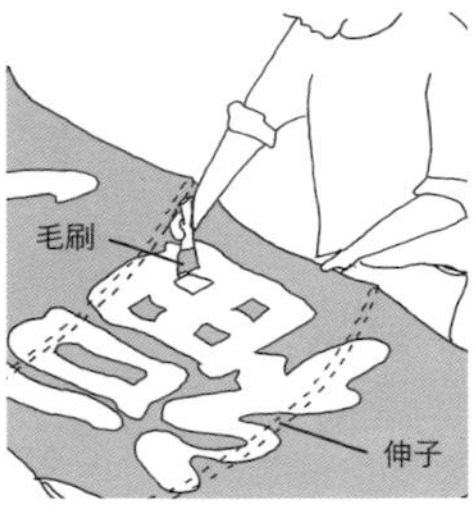

用毛刷塗上染料。

▼

固色

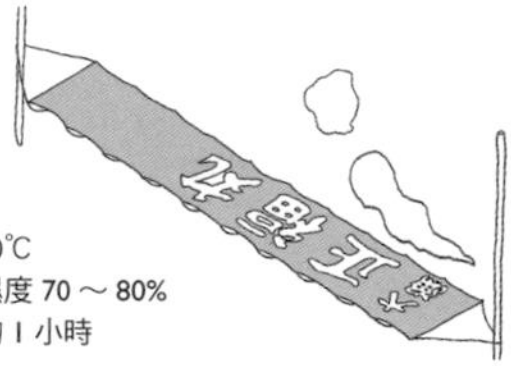

30℃
濕度 70 ～ 80%
約 1 小時

在固色室讓染料定色，並且使防染糊飽含濕氣。

▼

水洗

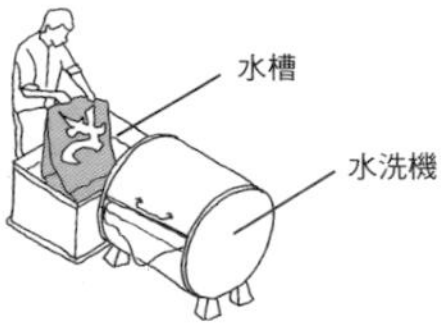

在水洗機中以低溫水洗去防染糊。工匠在水槽中確認漿糊都洗去之後，再度在水洗機中以 70 ～ 80℃的水清洗布料。

▼

乾燥

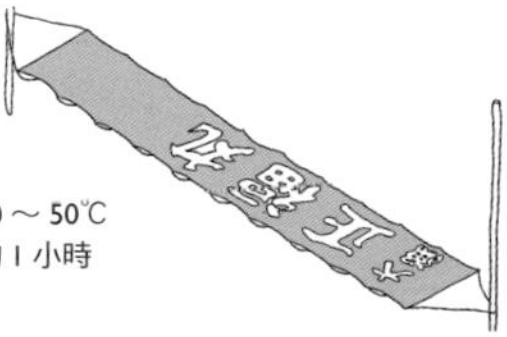

40 ～ 50℃
約 1 小時

在乾燥室晾乾後，進行縫製。

上／用毛刷上色時，須不時注意以防混色
中／固色室蒸氣蒸騰，以保持高濕度
下／在水槽中確認是否已洗去漿糊

武藤染工株式會社

武藤染工株式会社

◉靜岡縣濱松市

位於靜岡縣濱松市的染色工廠。工廠的塔狀乾燥場天花板高約 9.5 公尺，即使周邊工廠林立也顯得格外顯眼。在低層空間將布料染色完成後，吊掛於乾燥場的掛桿上，再藉滑軌拉向上方。這種乾燥方式稱為「垂掛式乾燥」（だら干し），如果是冬季的乾燥空氣，不到一小時即可風乾。牆面覆蓋 FRP（玻璃纖維強化塑膠）材質的波浪板，可如溫室般防止熱氣散逸。上方伸手不及的雙向橫拉鋁窗，可從下方以拉繩開關。

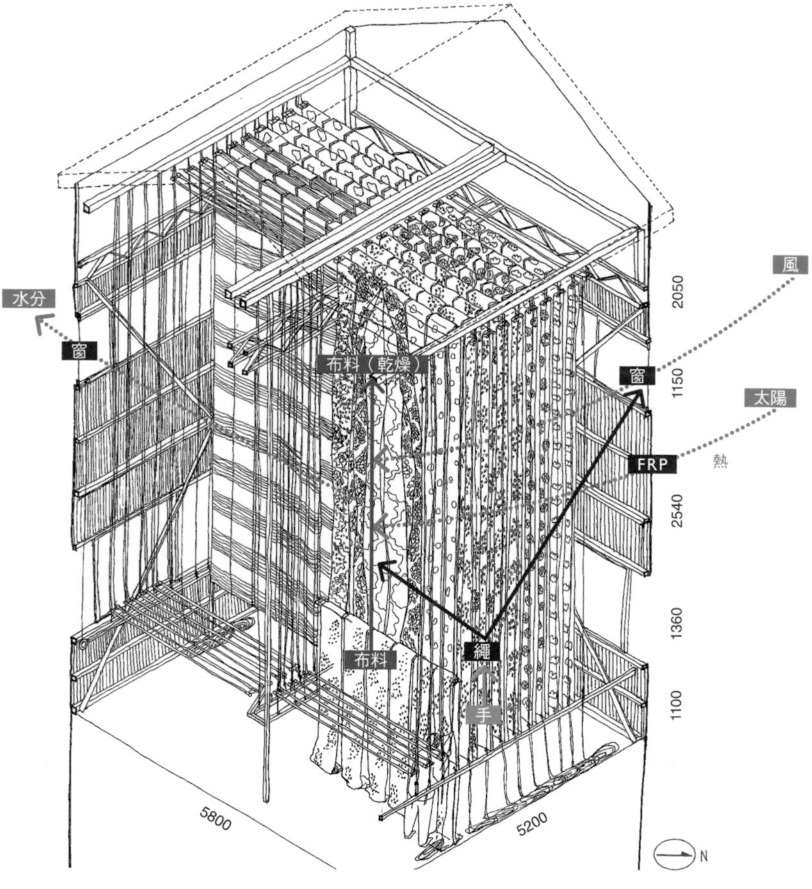

ひかりむろ　揺れるだら干し　空っ風

乾爽落山風　染布任意垂光室　隨來風飄蕩

上／仰望乾燥場上方
下左／開關乾燥場窗戶用的拉繩　下右／拉升掛桿的繩結

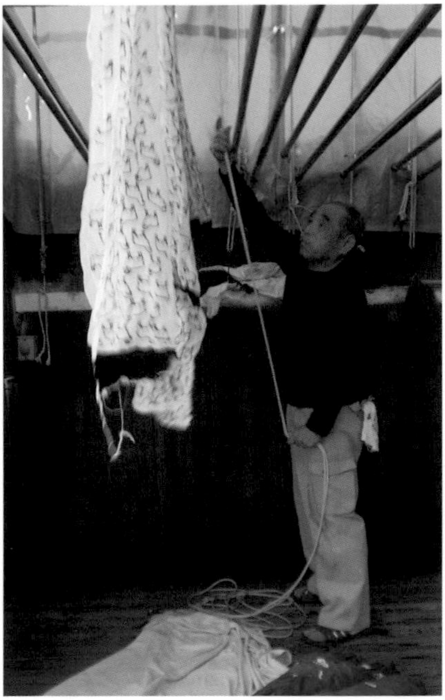

上／將布料掛於掛桿上，再拉繩向上升起
下／乾燥場外觀

丸源毛織

丸源毛織

◉愛知縣一宮市

位於愛知縣一宮市的毛織物工廠。毛織產業興盛的明治時代，為了增加產量，必須在廠內設置多台毛織機。因此，建物屋頂設計成單斜，讓穩定光源遍照廣闊的作業場內部。毛織產業最繁榮時，單斜頂是當地隨處可見的風景。現今毛織產業沒落，這類建物也轉為金屬加工廠了。

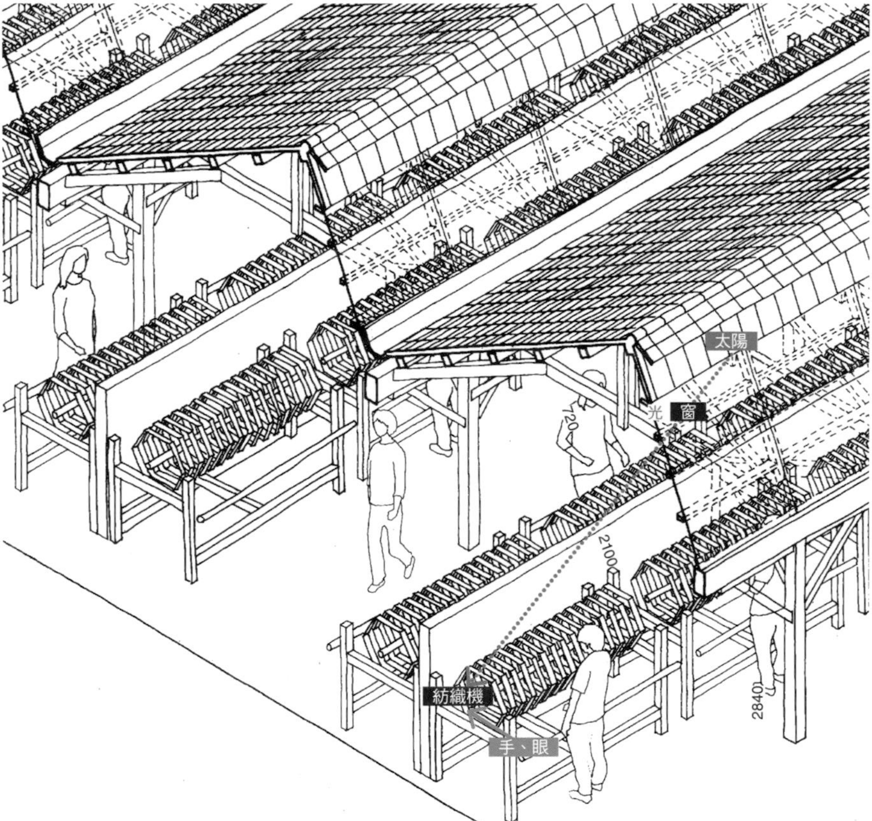

一宮（いちのみや）　のこぎり屋根が　連なりて　光集める　北の空より

愛知一宮市　一列列單斜屋頂　連綿不間斷　高窗匯聚皦日光　從北方天空灑落

上／從面北的高窗引入穩定又均勻的光線
下／五座鋪有混凝土瓦的單斜頂連綿

上／設有單斜頂的住宅
下／混凝土造單斜頂工廠

山形緞通

山形緞通

◉山形縣東村山郡山邊町

位於山形縣山邊町，昭和 10 年（1935 年）創立的手織地毯工廠。這座工廠從事圖案設計、毛紗染色和織造。手工編織一天只能完成約 7 公分，數公尺長的地毯須費時數月。鋪設磁磚的淺底水槽內是溶有特殊藥劑的熱水，將地毯浸泡其中刷洗表面，就可讓地毯色調趨於復古，產生絲滑觸感。熱水發散的水氣，藉由開關一整排木製雙向橫拉窗排出。屋頂上太子樓（roof monitor，越屋根）的窗和高窗在早期也曾用於排除水氣。

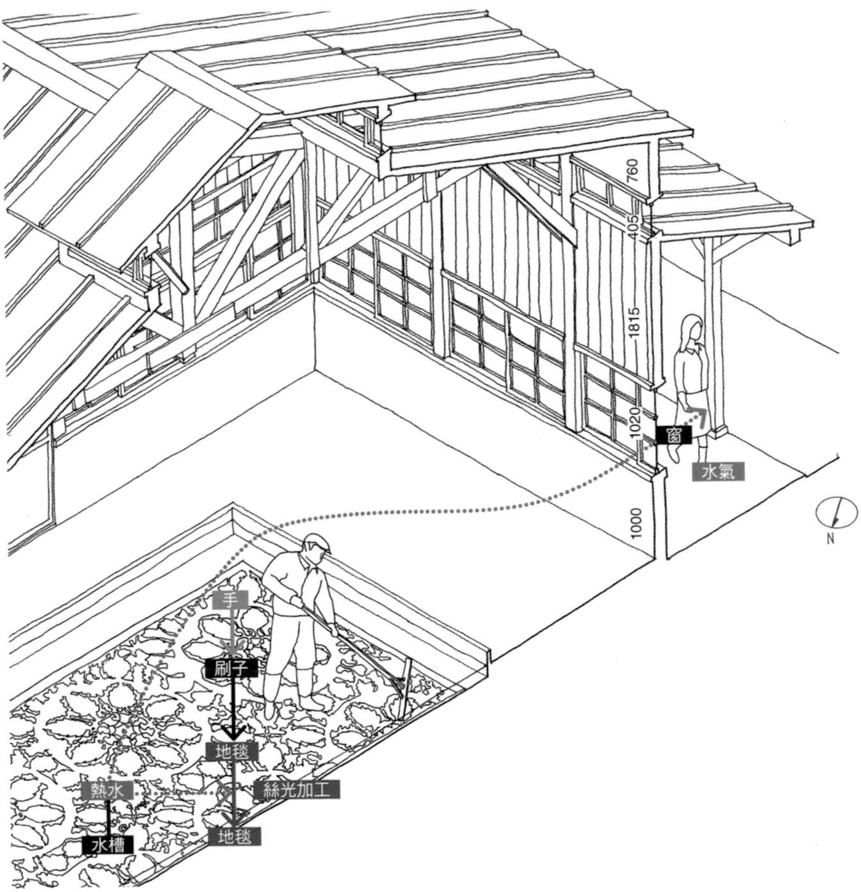

湯を湧かし　緞通ひたし　ブラシかけ　のぼる湯煙　屋根超えにけり

滾沸槽內水　手織地毯浸液中　刷磨顯絲光　水煙氣繚繞升騰　越過屋頂上高窗

原杉原家住宅

旧杉原家住宅

◉石川縣白山市

位於石川縣白山市的民族資料館。建物由嶋村（今白山市桑島）遷建而來，原為昔日豪農的民家，1864 年建成。〔譯注：豪農一般指江戶晚期至明治時代的富裕農家階級，坐擁眾多土地，通常委由佃農耕作，有些兼營製造、買賣業〕截至江戶時代，主屋的二、三樓用來飼育幼蠶，等蠶在簇器上結成蠶繭後，抽繭取絲製成生絲。為了使蠶脫皮，空氣須保持適度的乾燥，因而裝設通風用的窗和障子。障子寬度恰等於柱與柱之間寬度的一半，可將障子收於牆面後，形成牆面與窗交錯連綿的外觀。

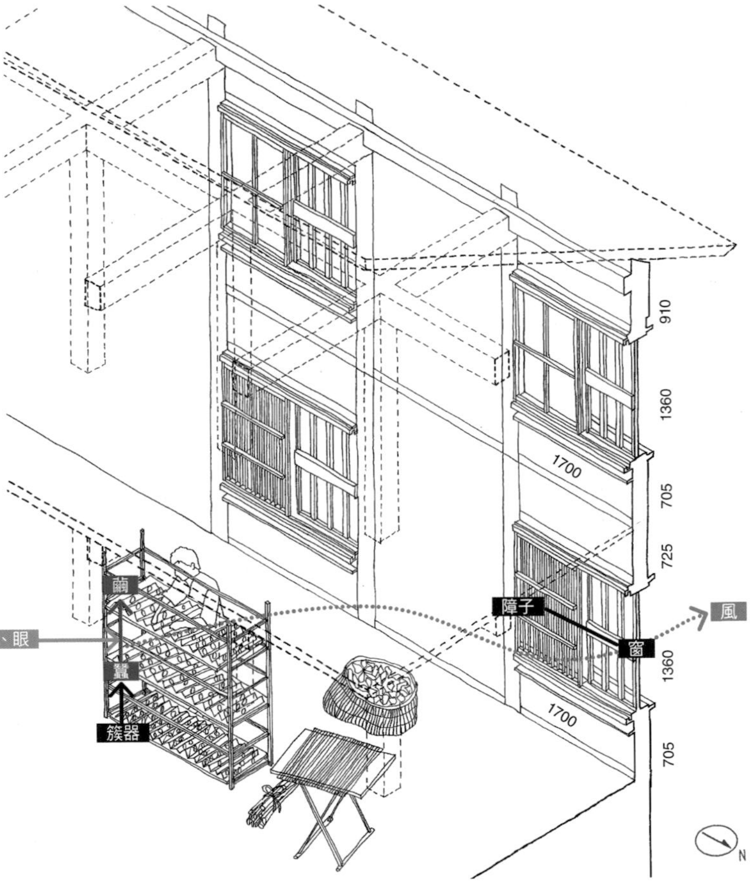

生絲

太陽と　風と障子が　かくれんぼ　糸を吐く蚕も　繭へ隠れぬ

靚空中太陽　與風與障子交互　玩著捉迷藏　簇器上吐絲蠶兒　也結蛹躲進繭裡

原常田館製絲廠　五層蠶繭倉庫

旧常田館製糸場　5階繭倉庫

◉長野縣上田市

位於長野縣上田市常田，原為製絲廠設施。企業家笠原房吉在明治 33 年（1900 年）創設，一棟棟蠶繭倉庫為樓高五層的木造建築，大正時代陸續建造完成。倉庫外牆經過灰泥粉刷，為了乾燥蠶繭，採用多窗式的形式，在外牆開設多扇窗戶。原始窗戶比現有窗戶大，因為導入機械式乾燥室後，蠶繭倉庫變為專供儲藏，重新設置成較小的窗戶。

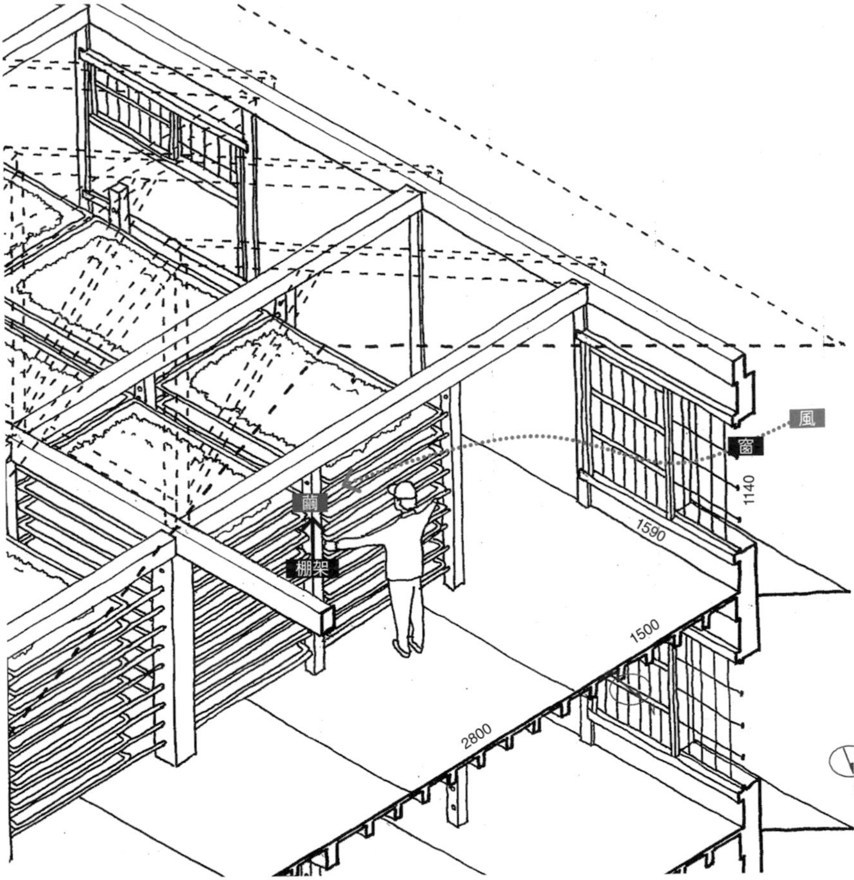

生絲

繭倉庫　風吹き抜けて　命干す

蠶繭儲藏庫　窗來風直穿急掠　吹乾了生命

愛媛蠶種

愛媛蚕種

◉愛媛縣八幡濱市

位於愛媛縣八幡濱市，明治 17 年（1884 年）建成的木造三層樓養蠶小屋。走廊外側是雙向橫拉落地窗，窗楣之上是成排的雙向橫拉氣窗，窗格較小，鑲嵌霧面玻璃。建物外側設有用來搬運物品的升降梯，可從窗戶搬入搬出貨物。隔道走廊的飼育室，使用暖爐加熱提高室溫，讓蠶順利成長，並藉由開關障子來維持 25 ～ 26℃室溫。幼蠶所吃的桑葉取自後山。

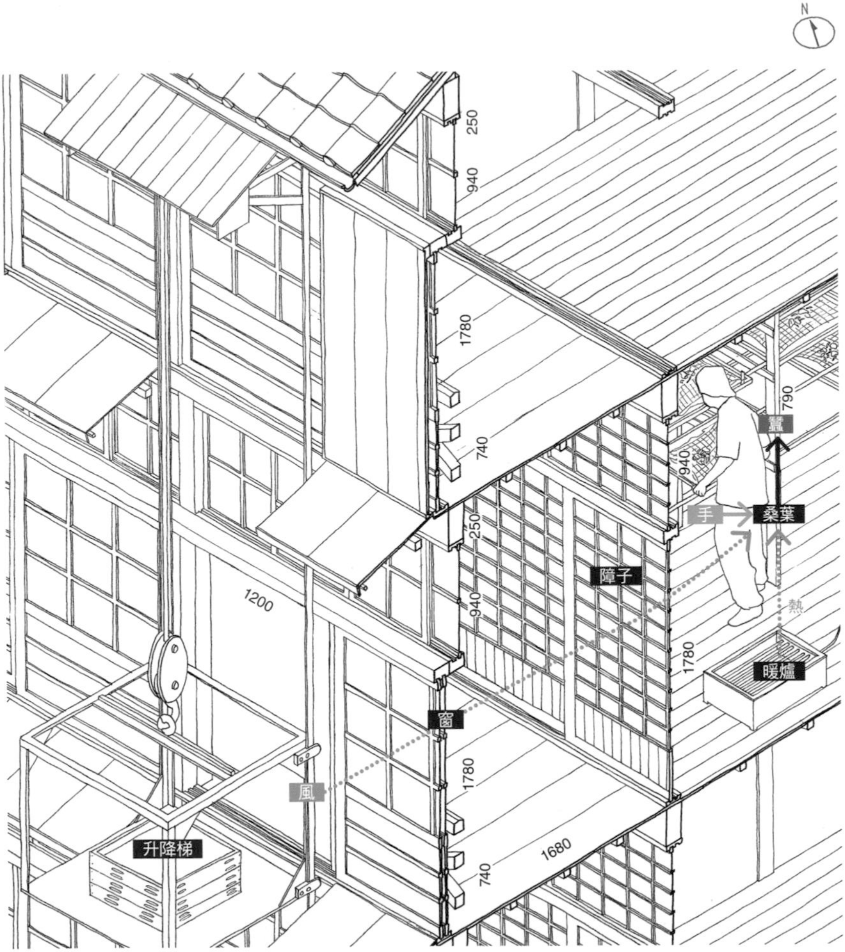

障子窓　繭(まゆ)に籠(こも)りて　毛蚕蠢動(けごしゅんどう)

障子拉門窗　蠶吐絲作繭其中　初生蠶蠢動

上／桑葉　中／育蠶的情景　下／翻轉式簇器

[養蠶流程]

飼育幼蠶

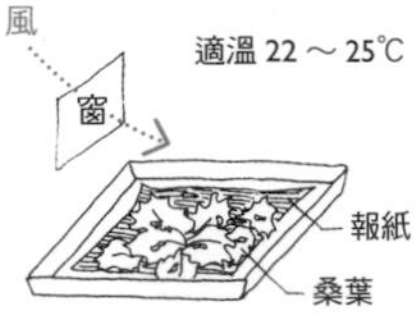

1 齡～ 3 齡（約 12 天）
餵食幼蠶桑葉

↓

換新桑葉
清理排泄物
（更換報紙）

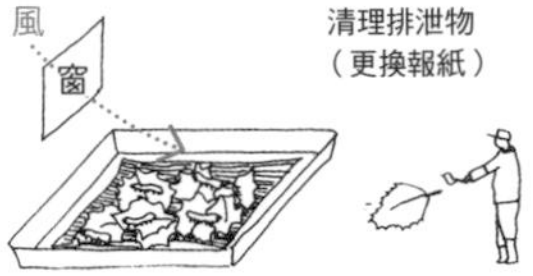

4 齡～ 5 齡（約 12 天）
蠶食慾旺盛

▼

結成蠶繭（約 10 天）

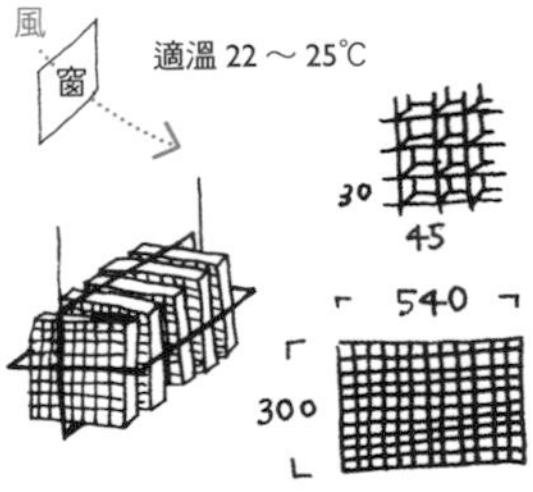

翻轉式簇器，
一格可結一個繭

▼

取絲

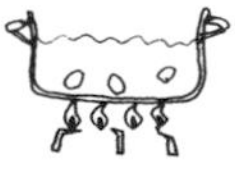

煮繭以殺死蠶蛹

↓

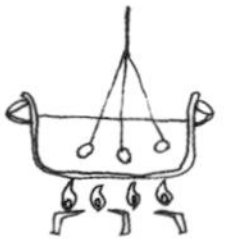

從繭中繅絲

搬運用升降梯

高山社遺跡

高山社跡

◉群馬縣藤岡市

位於群馬縣藤岡市的養蠶農家。一般養蠶時，敞開建物開口部以確保換氣通風順暢，但缺點是若氣溫過低會造成蠶生病。這戶養蠶農家所採用的「清溫育」飼育方式，可在保持一定室溫的同時由室外引入新鮮空氣。這種飼育方式，在天氣溫暖時，打開二樓開口部和屋頂排煙窗以換氣通風；天冷時，關閉天窗，在一樓的坑爐（囲炉裏）焚燒薪柴，以產生燃煙，透過二樓地板上的開口使養蠶室暖和。

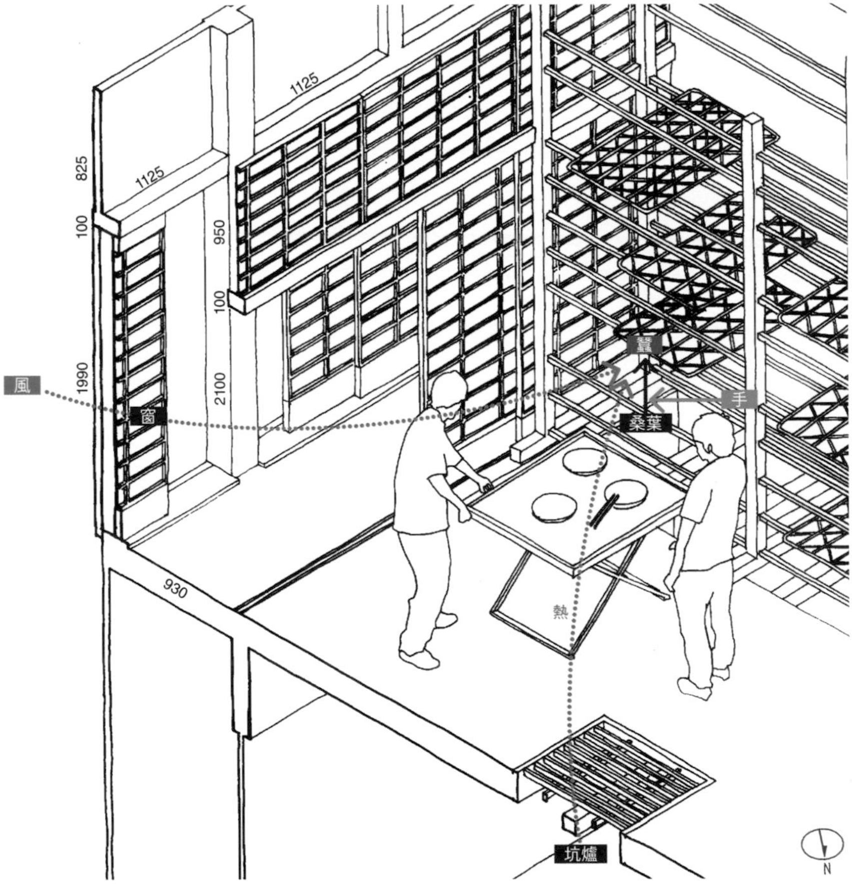

清温育（せいおんいく）　屋根のヤグラを　冬閉じて　夏は開いて　蚕（かいこ）快適

折衷清溫育　屋頂上之眺望台　嚴冬日緊閉　暖夏天大方敞開　蠶兒們無比快活

出雲民藝紙工房　抄紙廠

出雲民芸紙工房　紙漉き場

◉島根縣松江市

位於島根縣八雲町的出雲和紙作坊。蒸煮和紙原料「雁皮」，只取出其中造紙所需的木質纖維。接下來，以機器攪拌取出的纖維，攪碎成約 0.5 公分長之後，混入取自黃蜀葵的黏液，等紙漿變得黏稠再行抄紙。在仍含有水分、鋪成薄薄一層的紙漿上施加壓力脫水，乾燥後即成和紙。進行抄紙作業時，應時時注意薄紙漿的厚度，因而須保持工匠周邊明亮。在這間作坊中，水槽沿水平連續的雙向橫拉玻璃窗配置，有著把手的板狀工具「竹篩」自上方橫梁懸吊而下，上下前後搖晃竹篩來抄紙。

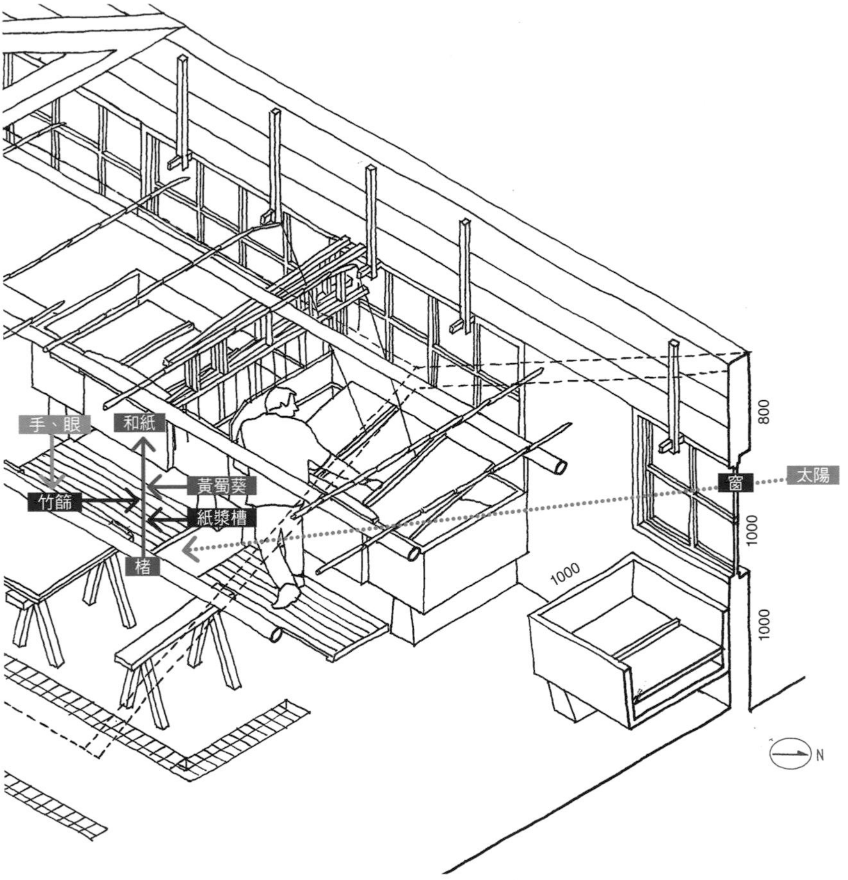

漉く紙の　厚さ教える　窓明かり

竹篩手抄紙　或厚或薄怎知道　憑窗自然光

上／將做為原料的雁皮樹皮削成一條條細長狀
下／在水中加入灰汁或碳酸鈉（蘇打）煮熟雁皮，去除製紙所需纖維以外的雜質

上／將煮熟後的雁皮整理成團，再攤開去除雜質，以防紙漿出現微塵
下／取自黃蜀葵的黏液會包覆住纖維，個別纖維外側的黏液促使這些造紙原料在水中分離

攪拌木質纖維，加入黃蜀葵黏液，再以梁上懸吊而下的竹篩來抄紙

將撈起的濕和紙置於傾斜的架上，排除多餘水分

出雲民藝紙工房　乾燥室

出雲民芸紙工房　乾燥室

◉島根縣松江市

和紙作坊的和紙乾燥室的窗。出雲和紙的最後一個製程，會將篩過的紙張鋪掛在以爐灶加熱的鐵板上烘乾。磚砌爐灶設置在窗邊，爐灶上方是凹折呈山型的鐵板，和紙垂放在鐵板上以高溫烘乾。過程中產生的熱、水氣和煙，藉由貼附和紙的木格柵支摘窗排到室外。

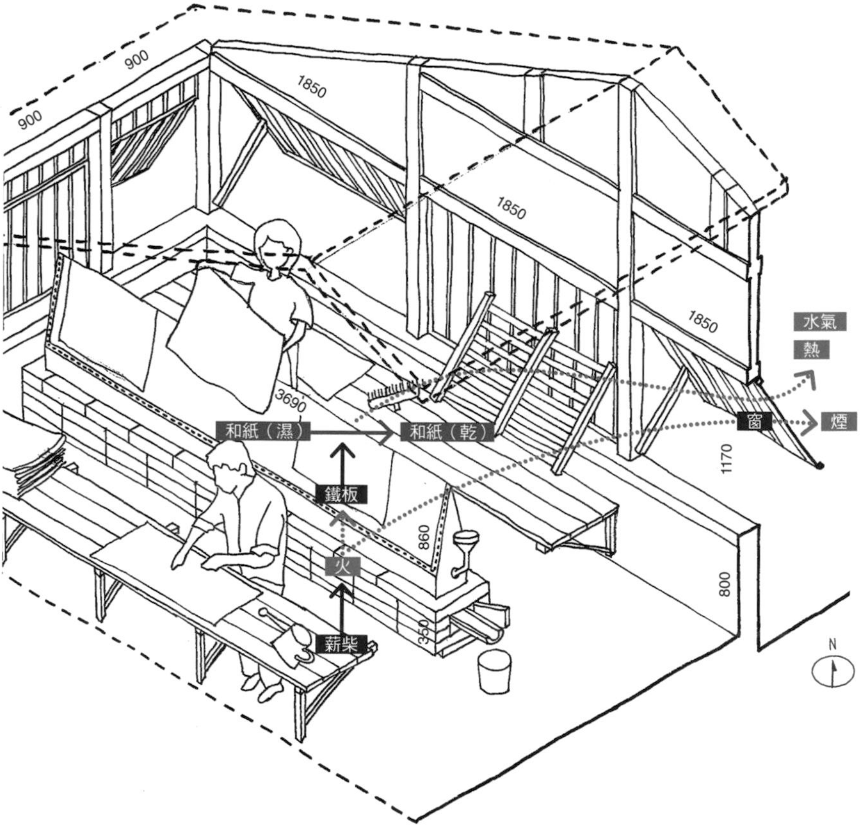

蔀戸(しとみど)の　湯気の在処(ありか)を　覗き見る　漉(す)き立て和紙の　鉄板浴(てっぱんよく)

透過支摘窗　窺探眼前小屋裡　蒸煙瀰漫處　蕩料入簾取濕紙　垂掛熱燙鐵板浴

松井線香製造店

松井線香製造店

◉愛知縣豐川市

位於愛知縣豐川市，大正 5 年（1916 年）創立的製香舖。線香的原料為杉木或白檀等的粉末，添加入約 70 ～ 80℃的熱水和染料，在設有爐火的混練器內加熱，邊攪拌到呈現膏狀後，以機器分割成圓筒狀。接下來將它放入擠壓器中，擠出成形為一條條細條。將蘊含水分的膏狀細條，排列在層層堆疊的瓦楞紙板上，藉由從百葉窗吹進乾燥場的風讓水分蒸發。木製百葉窗可隨天氣調整開闔角度。

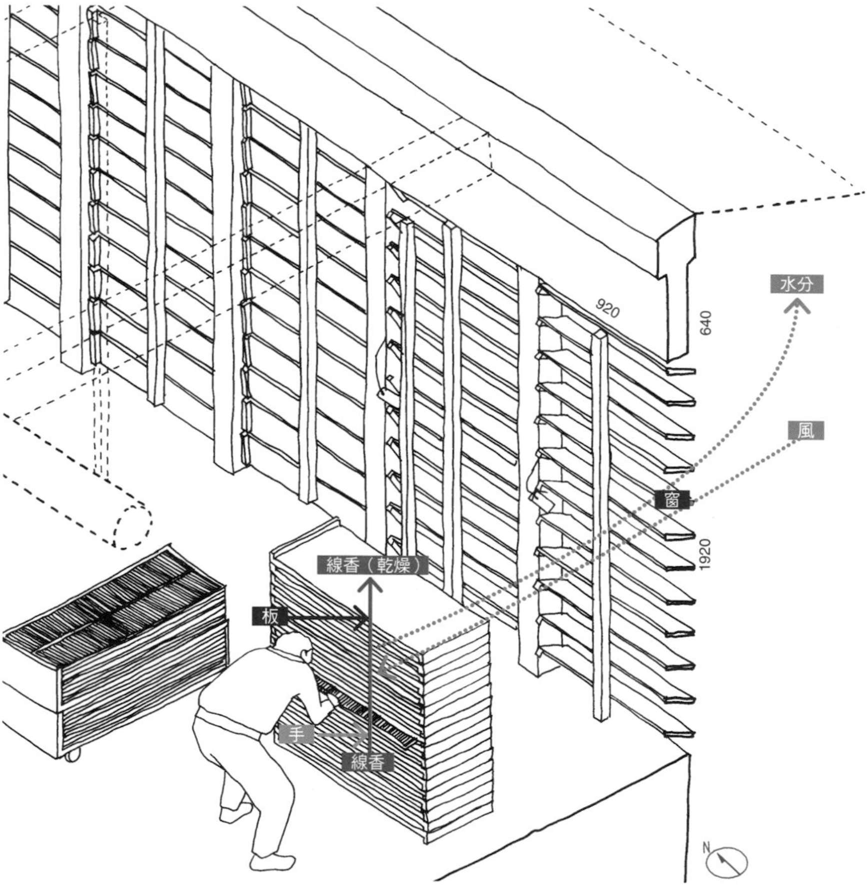

暗がりに　じめりと並ぶ　濡れ線香　風抜け水抜け　香る杉の粉(こ)

昏黑暗沉中　仍濕漉漉的線香　並排紙板上　風吹過而水蒸發　杉木材粉屑飄香

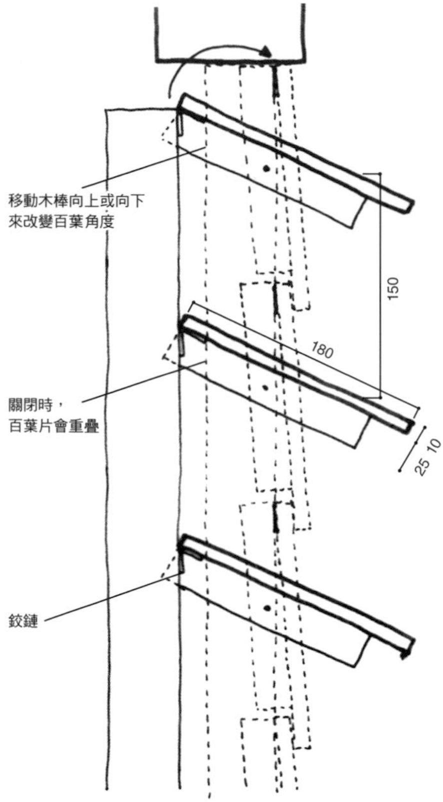
移動木棒向上或向下
來改變百葉角度
150
180
關閉時，
百葉片會重疊
25 10
鉸鏈

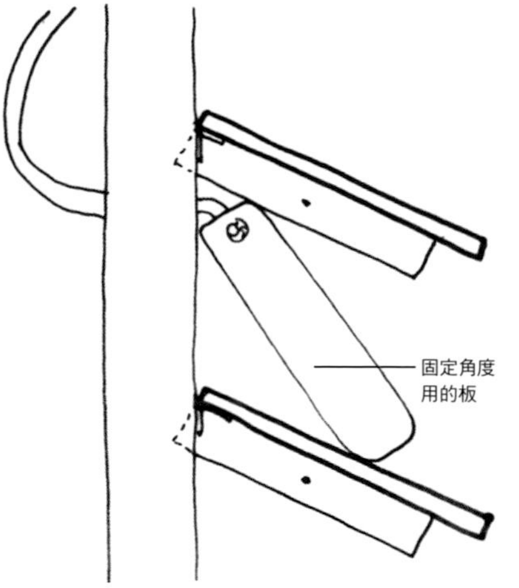
固定角度
用的板

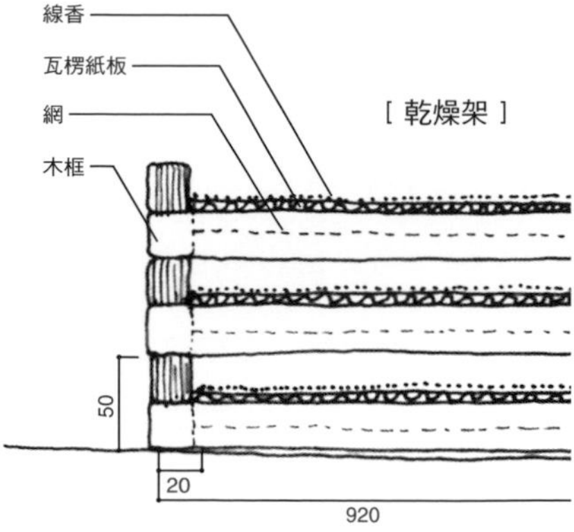
[乾燥架]
線香
瓦楞紙板
網
木框
50
20
920

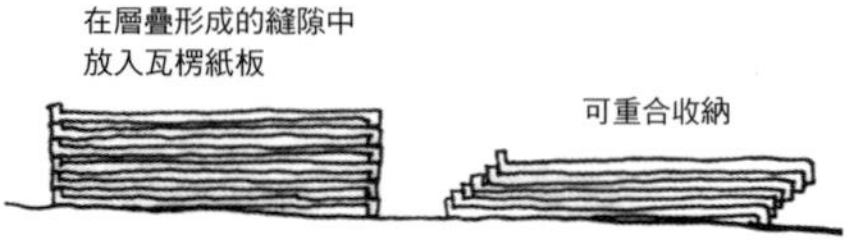
在層疊形成的縫隙中
放入瓦楞紙板
可重合收納

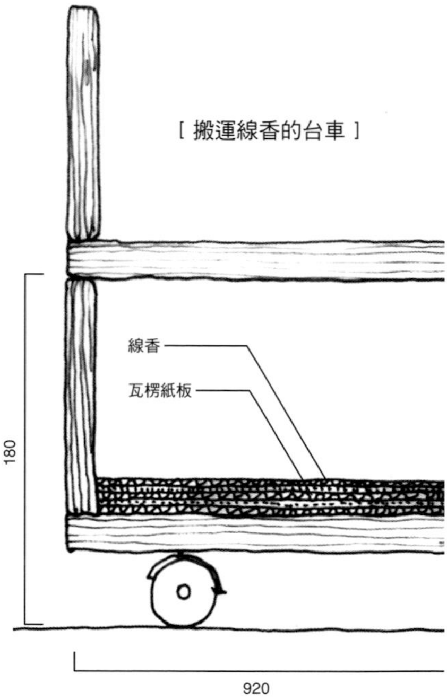
[搬運線香的台車]
線香
瓦楞紙板
180
920

上左／百葉窗關閉時
上右／百葉窗開啟時
下左／固定角度用的板
下右／層層堆疊的乾燥架

淡路梅薰堂

淡路梅薰堂

◉兵庫縣淡路市

位於兵庫縣淡路市江井，明治 38 年（1905 年）創立的製香舖。江井是日本最大的線香產地，當地製香小屋牆上設有稱為「べかこ」（bekako）的無雙窗，藉由開關窗戶來調節室內濕度和溫度。淡路梅薰堂會將剛剛壓製完成仍含有水分的線香，排列在窗邊台車架的瓦楞紙板上，費時一週左右去除水分。透過濕氣使木製無雙窗的木材膨脹，能不留縫隙呈密閉狀態。但經年累月使用，窗戶變形進而無法密合，因此昭和 40 年（1965 年）時，將二樓和三樓的無雙窗替換為鋁製。

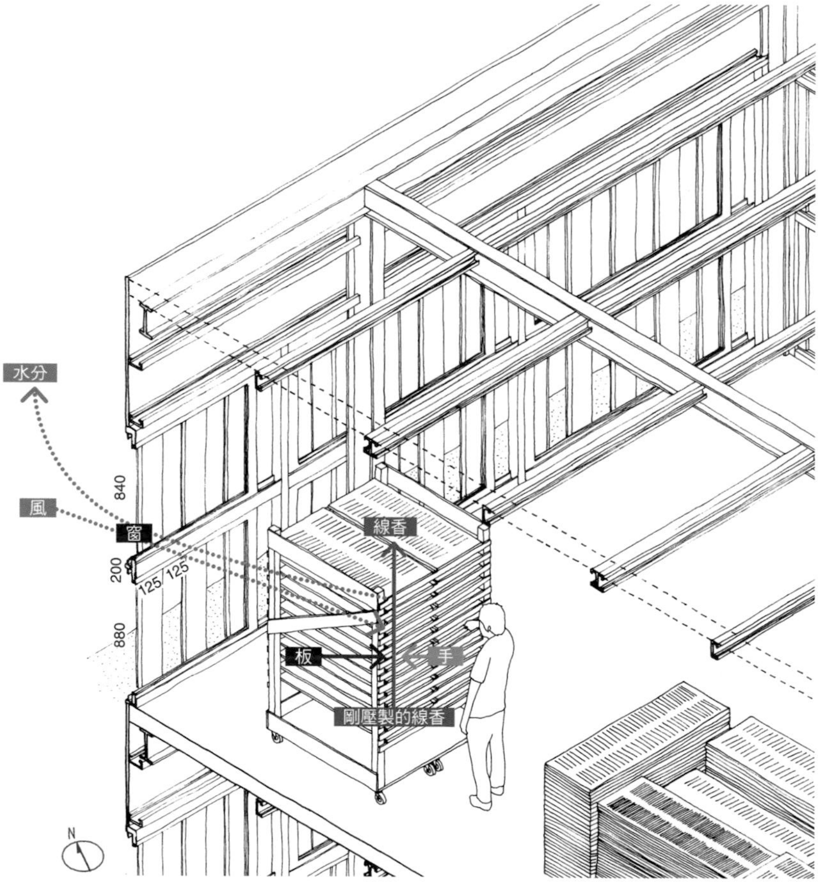

淡路晴れ　線香かおる　べかこ窓

淡路天氣晴　條條線香淡飄香　無雙窗開闔

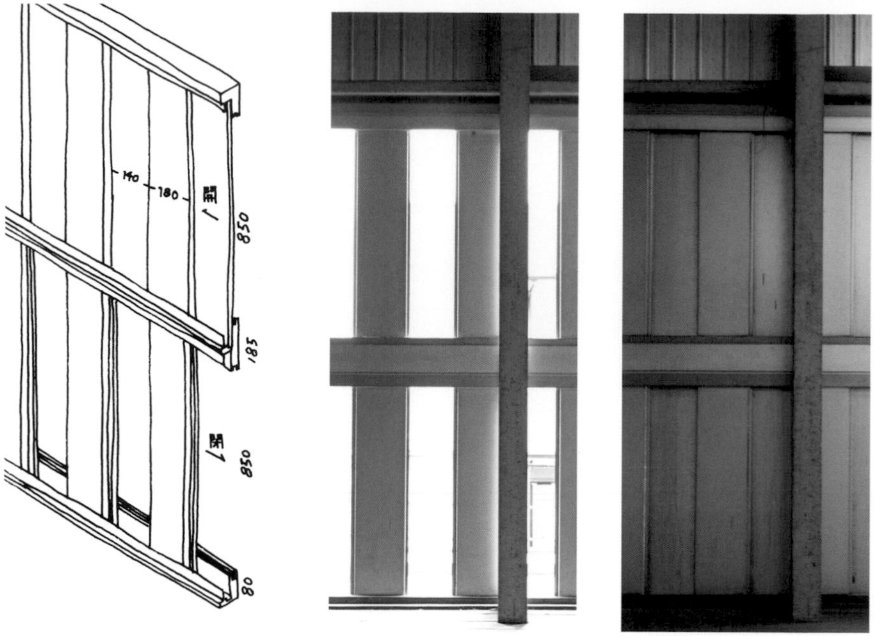

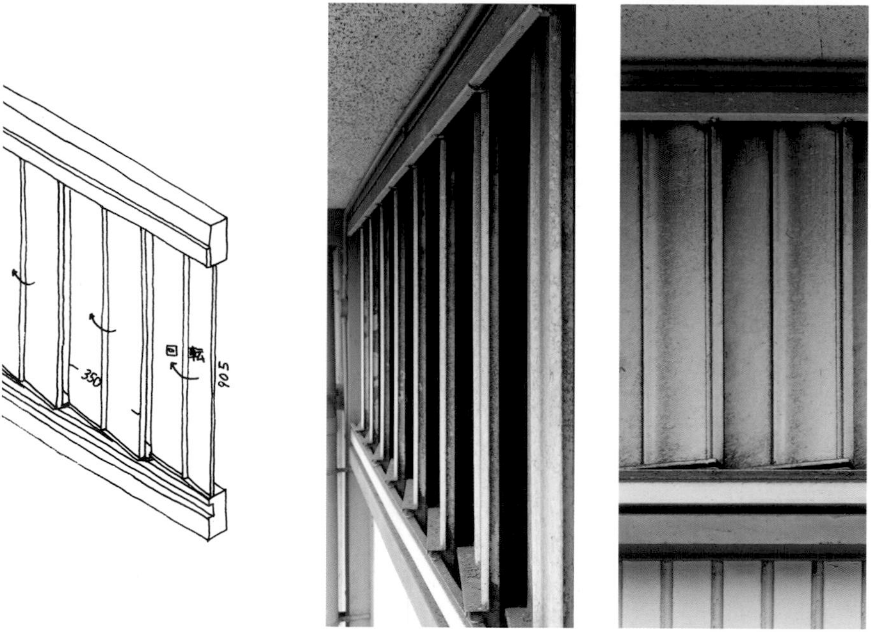

上／雙向橫拉式鋁製無雙窗（淡路梅薰堂）
下／旋轉式鋁製無雙窗（孔官堂）

上／有木製無雙窗的製香小屋（皿池薰佛堂本舖）
下／一樓是旋轉式鋁製無雙窗，二樓是雙向橫拉式鋁製無雙窗的製香小屋（孔官堂）

北海道開拓村　原廣瀨照相館

北海道開拓の村　旧広瀬写真館

◉北海道札幌市

位於北海道開拓村，依原樣重建的木造兩層樓照相館。北側屋頂採用玻璃材質的單斜面（single slant），霧面玻璃上下緣彼此重疊鋪設，讓漫射光得以覆蓋整座攝影棚。沿玻璃窗的傾斜面設有可開闔的白、黑兩色天幕，滑動調整光量。

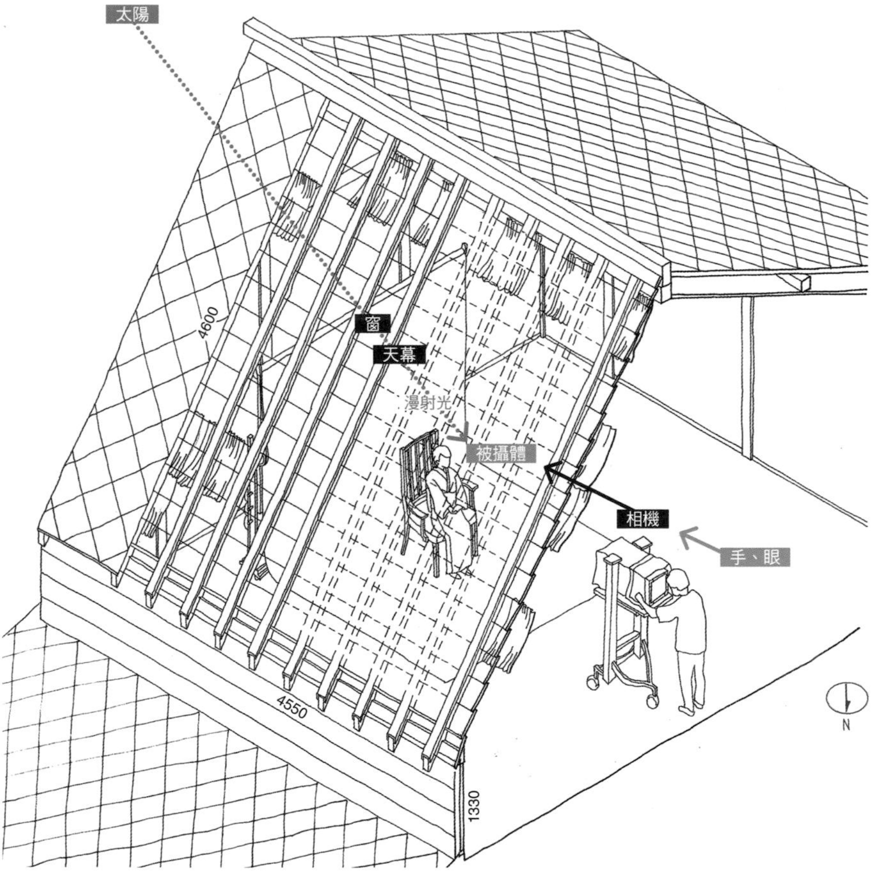

天空の　光集めて　はらむ帆の　照らす横顔　レンズみつめる

蒼穹天幕下　日照陽光齊匯聚　恰如揚帆起　被曬亮的側臉龐　由鏡頭完美捕捉

經許可拍攝

上／開設在紅色屋頂上的大面積玻璃
下／漫射光滿溢的室內擺置著背景布幕和椅子小道具等

左／霧面玻璃上下緣重疊鋪設
右／開闔白、黑兩色天幕以調整光量

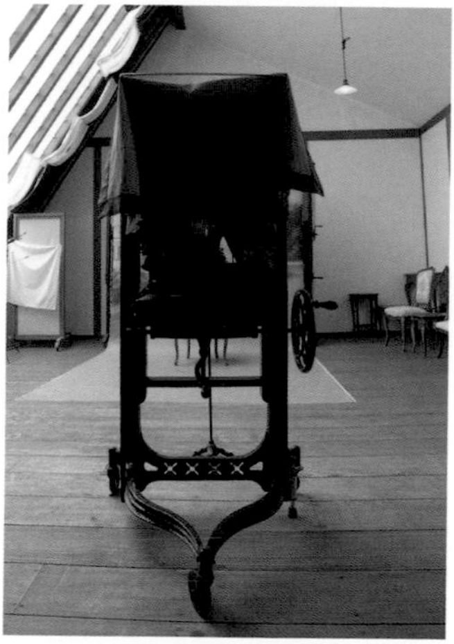

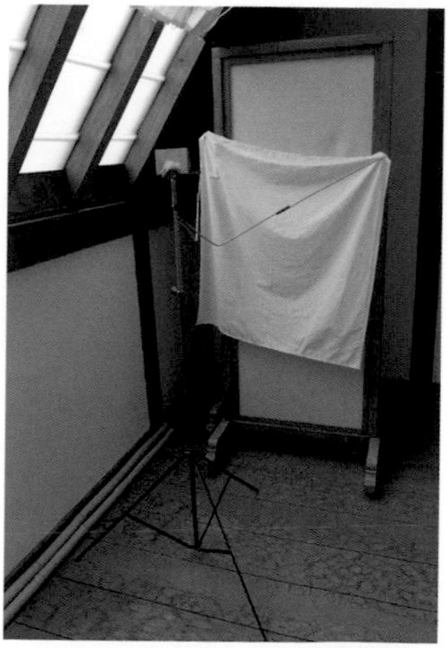

左／不倒翁型三腳台座安東尼相機（Anthony camera）
右／以反射板或調光器來調整光線

在暗房中將塗有感光劑、攝有影像的玻璃版，
依序浸泡顯影劑、急制劑、定影劑來顯影

[暗房等角圖]

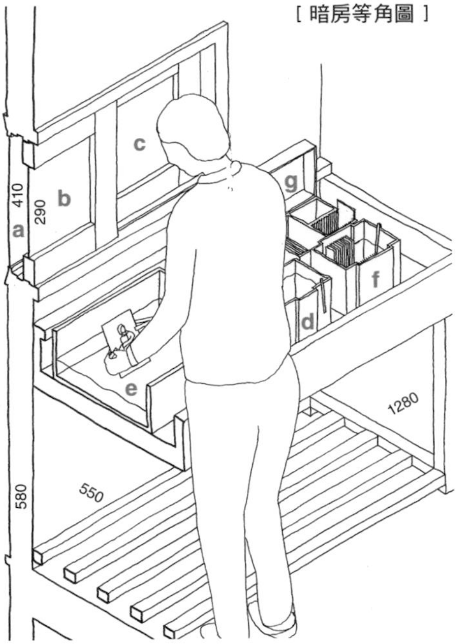

a. 霧面玻璃窗
引入柔和的漫射光
b. 紅色塗布玻璃窗
引入不會讓感光劑產生反應的紅色光
c. 透明玻璃窗
未進行顯影作業時使用
d. 顯影劑
讓玻璃版上的感光劑顯影的溶液
e. 急制劑
讓顯影劑停止反應的溶液
f. 定影劑
去除未照射到光線部分的感光劑的溶液
g. 箱
將玻璃版放入，從攝影棚移到暗房用的箱

下／暗房：顯影照片用的房間，玻璃塗布紅色

在修正室用墨水修正顯影的照片

a. 霧面玻璃窗
引入柔和光線的窗
b. 修正桌
將玻璃版放置其上作業用的桌
（引入明信片面積大小光線的開口）
c. 箱
將玻璃版放入，從暗房移到修正室用的箱
d. 筆
沾墨修正照片的筆
e. 硯
使用墨條，磨墨用的硯

［修正室等角圖］

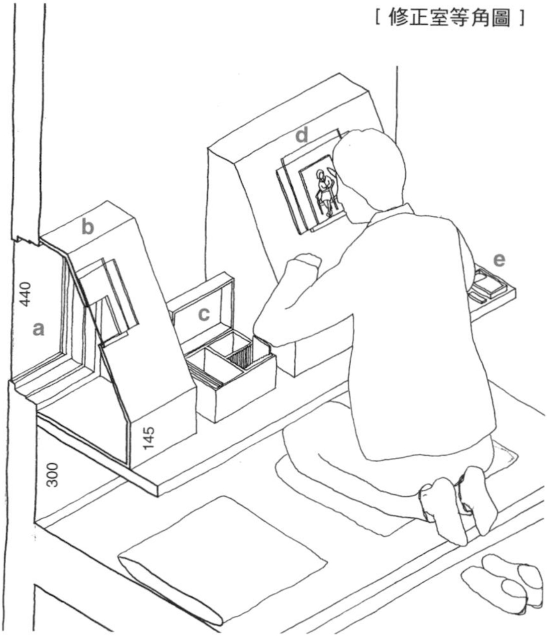

下左／修正室：修正縱向和橫向照片的桌子
下右／修正桌：開口周圍鋪有黑色氈布

松本伸弦樂器工房

松本伸弦楽器工房

◉岩手縣盛岡市

位於岩手縣盛岡市，昭和 61 年（1986 年）創立的提琴工作室。專門接受客製化訂單，製作和維修小提琴、大提琴等弦樂器。在灑落自然光的窗邊作業，以清楚看見刨削樂器表面時的凹凸線條。上漆、乾燥的工序要避免陽光直射，巧妙利用設置在窗上的捲簾。裝設於天花板的軌道用來吊掛上漆完畢的小提琴，此時放下一半的捲簾，就能同時在窗邊進行乾燥與刨削作業。配合集塵機開啟窗戶，可將初步刨削琴板時所產生的木屑排出室外。

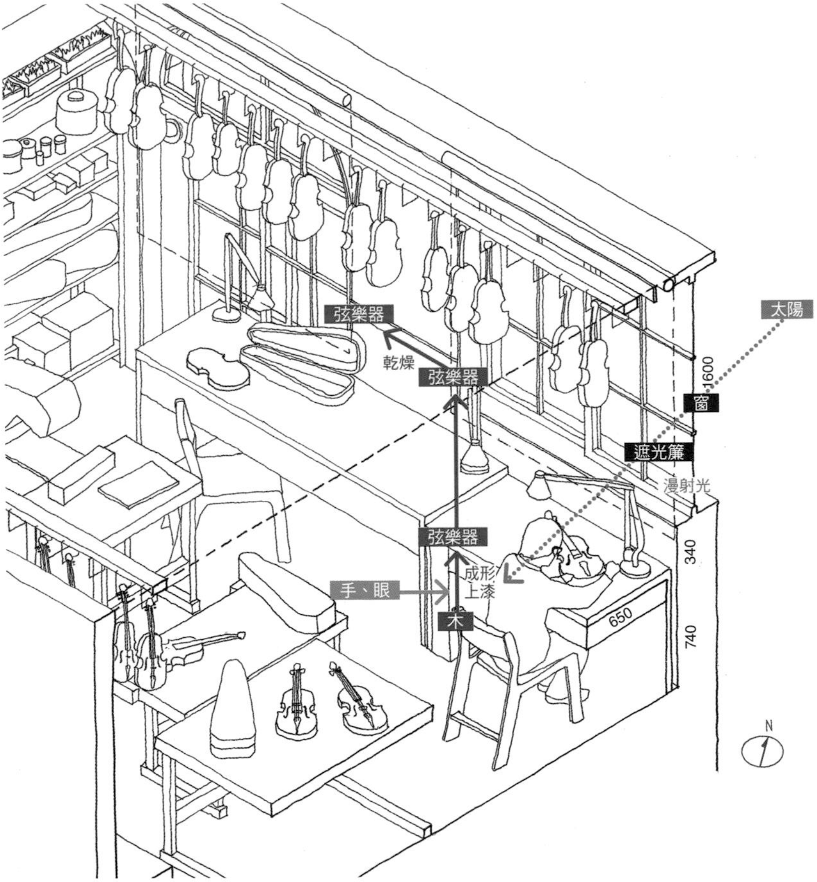

黙々と　日差しのもとで　板削る　窓に浮かぶは　バイオリンの影

啞默靜悄然　沐浴篩落日光中　刨削提琴板　隱隱約約映上窗　小提琴形影輪廓

Atelier 創藝館

アトリエ創藝館

◉東京都墨田區

位於東京都墨田區的寫字工作室。在提燈、傘、木牌、招牌上以墨筆繪上文字。為了避免作業中沾染灰塵，只有炎熱時才打開雙向橫拉鋁窗。木牌排放在壓克力材質的透明箱內，曝曬在日光中乾燥。如果在日光燈下作業，所見顏色會不同於室外，因此寫字時倚賴來自北側的穩定自然光，如此便能檢查凸起的漆字所產生的纖細陰影。

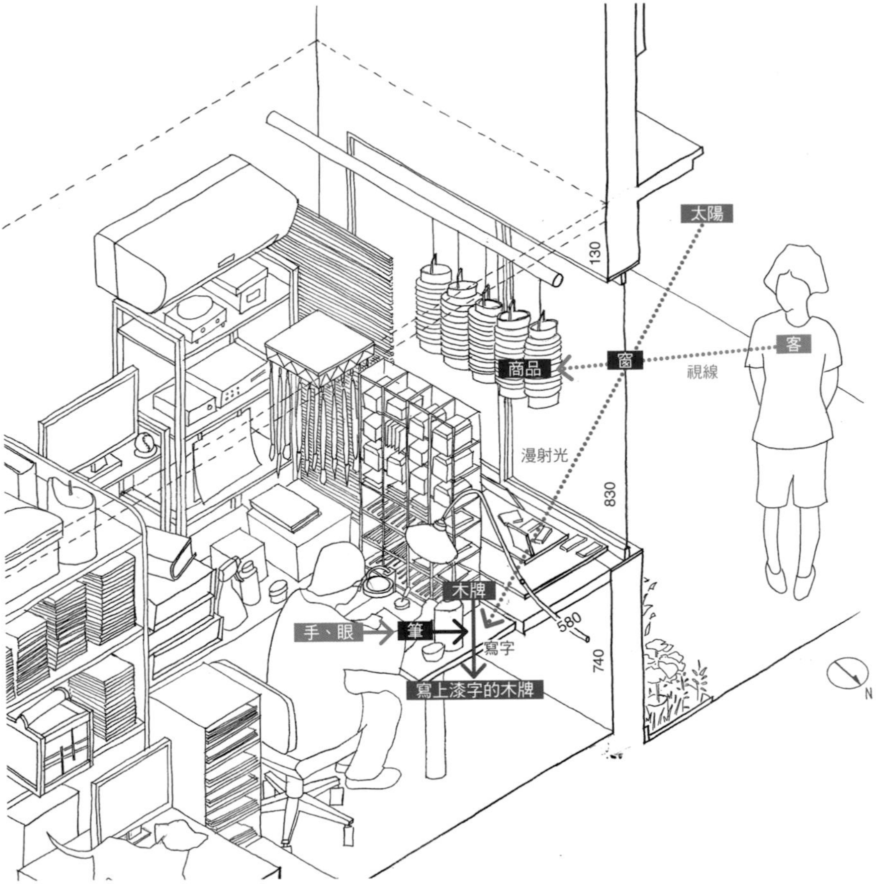

提燈・傘・木牌

江戸文字の　板に盛られた　黒漆（くろうるし）　なめる光に　縁（ふち）取られたり

江戸圖文字　板材上塗寫層疊　墨漆黑鴉鴉　均勻柔和光灑落　勾勒出漆字邊緣

新光時計店

新光時計店

◉廣島縣吳市

位於廣島縣吳市大崎下島，1858 年創立的鐘錶行。主屋一樓是兼為工作室的店舖空間，面向道路側設有陳列鐘錶的展示櫥窗，櫥窗旁擺了工作桌，利用來自南面的自然光修理鐘錶。為了避免修理中的零件沾染塵埃，將它們收納在玻璃罩和培養皿內，用放大鏡和鉗鑷來修理。工作桌下面下挖方便放腳，榻榻米上擺放坐墊，旁邊則是炭爐。維修完成的鐘錶暫時掛在牆上，以檢查它們是否如常運作。

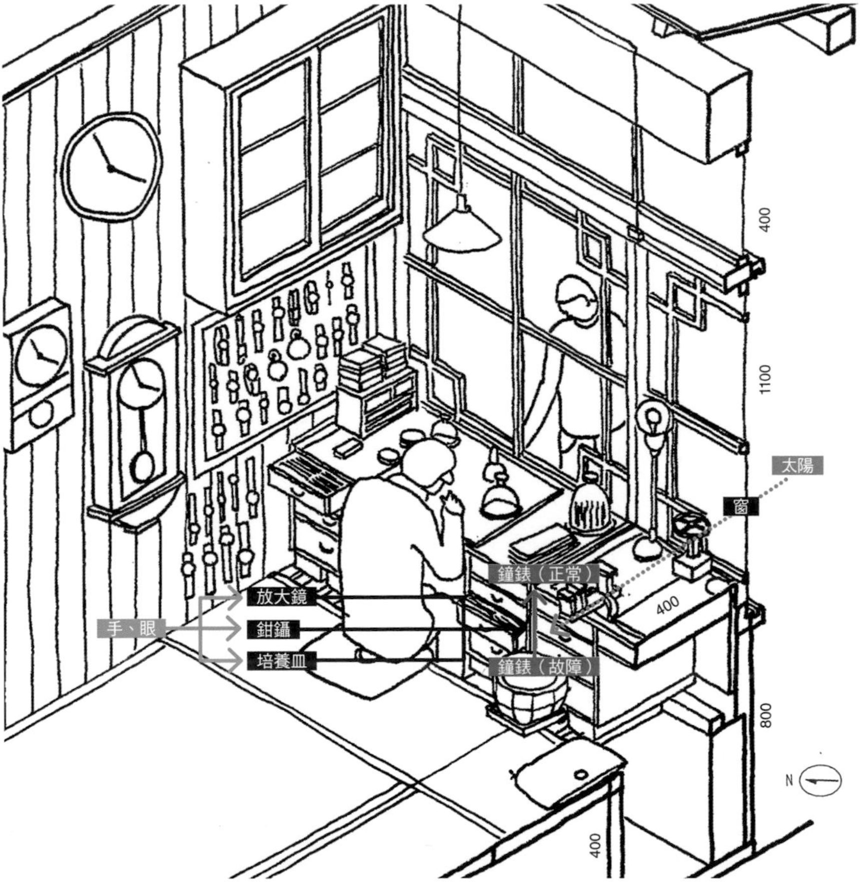

時計屋の　精密作業の　道具類　光求めて　窓に集まる

是處鐘錶舖　用於精密作業的　各式小工具　點點散落窗台邊　以受自然光洗禮

[細部等角圖]

[斷面圖]

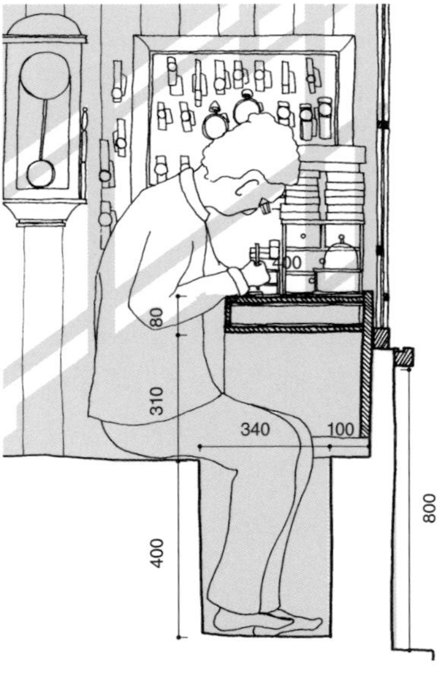

a. 維修工具組
拆換鐘錶零件機芯等之用
b. 布
擦拭鏡面等之用
c. 玻璃罩
避免桌上零件沾染灰塵
d. 玻璃培養皿
沖洗零件或暫時保管鐘錶零件
e. 塑膠玻璃罩
避免桌上零件沾染灰塵
f. 置物盒
收放庫存零件
g. 收納
擱置廢棄鐘錶等
h. 壁掛板
檢查維修完成的鐘錶是否如常運作

上／工作桌的樣子：在玻璃板上修理鐘錶
下左上／維修工具組：拆換鐘錶零件機芯所用的工具
下左下／壁掛板：吊掛維修完成的鐘錶
下右上／玻璃培養皿：使用玻璃材質方便辨識灰塵
下右下／桌下：下挖避免腳痛

墨田乾洗店

スミダドライクリーニング

◉東京都墨田區

位於曳舟的乾洗店。面向道路側的正面寬約 2 間（約 3.6 公尺），由鋁門窗構成，半邊是出入口，出入口之上設有雙向橫拉氣窗；半邊是結合燙衣台的窗和雙向橫拉氣窗。打開窗戶就能排出蒸氣，道路好像也因而變得生氣勃勃了。

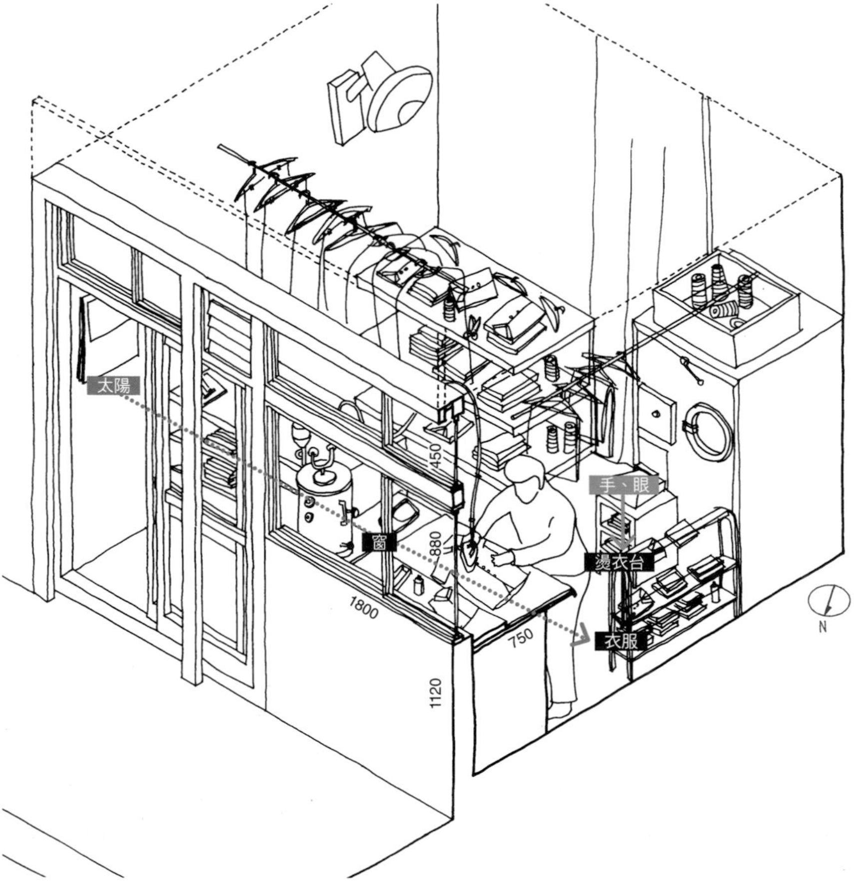

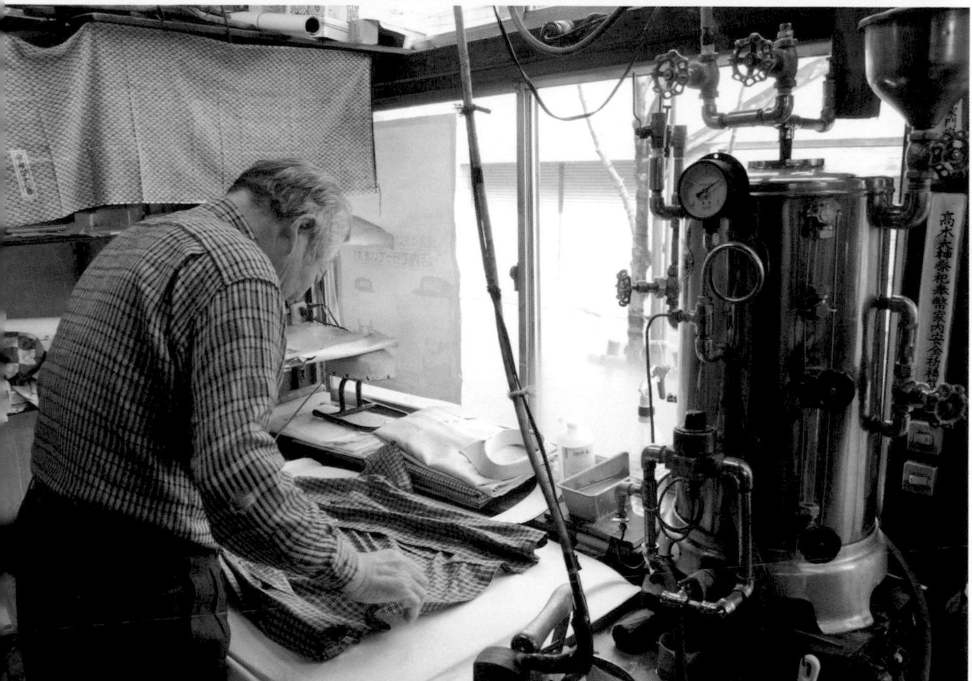

窓先の　アイロン台で　シワ伸ばし　あふれる蒸気　通り彩る

沿著窗緣邊　延伸出的燙衣台　熨平衣皺褶　水氣蒸騰散四方　門前路生氣蓬勃

天氣與造物

文　能作文德

調查窗的期間所遇見的造物工匠們，在每日反覆進行的工作中，精進技術並強化自身的感受程度。因行業不同，使用的材料或工具各異，技術也有別，但從言談中發現他們的共通之處是很注意「天氣」，因為天氣與造物密切相關。

藍染工匠時時留心「藍染缸」的狀況。缸中的菜隨溫度改變發酵的速度。夏天氣溫高容易發酵，但同時也會促成各種細菌增殖，此時需投入石灰提高鹼性來抑制細菌繁殖。但過量的石灰可能染不出深色，因此必須找到兩者最完美的平衡點。冬季發酵速度慢，使用壺狀火爐焚燒木糠加熱染缸。藍靛染料是敏感的生物啊。

陶藝工匠格外留意土、水、火。陶土如果急速乾燥，器物會龜裂。連續晴天時，陶土乾燥速度快，不適合須費時完成的作品；雨日連綿濕度高，器物水分不易散逸；若是零度以下，土中所含水分凍結，會使器物碎裂。燒結陶器時，須整夜照看陶窯，時而添加薪柴，以火焰顏色判斷窯內溫度。窯的溫度似乎也與窯內濕氣及外部氣溫有關。

注意天氣變化連帶影響人們留意窗的使用。藉由開闔窗戶，因應室內

溫度或濕度、製造過程中產生的熱或煙的狀態轉變。有時會修整窗戶，以便符合造物所需。以濱田窯的細工所為例，冬天時作業場的玻璃窗因濕氣而結露，為了不讓水滴在窗面的障子紙上留痕，只在障子下部的室內側貼附和紙。這就是敏銳察覺濕氣的證據。

在生態心理學（ecological psychology）中有所謂「weather world」一詞。這個詞是指生物棲息環境並非一成不變，而是時刻變動的。「weather」在英文中可表示名詞「天氣」，也有動詞「變遷」、「轉變」的意思。造物工匠一直反覆進行同樣的作業，但其實在日常工作中，應該可以感受到世界是時刻變遷、轉變的動態狀態吧。觸摸陶土，焚燒薪柴，觀察藍靛染料色澤，肌膚感受風吹，感覺水的冷度，照料庭院裡的植物，透過這種種來隨時感知天氣。工匠就在天氣時刻變化、生成的過程中，打造物品。

食品加工之窗

第二章

日本的農漁村以源自富饒自然的農作物和水產為原料，利用地區的氣候，藉由熟成和保存等加工方式製作特產。為了加工食品，匯聚太陽的熱以高溫加熱、藉風吹去除原料水分、在瀰漫著煙的空間中燻製，或在室內創造特殊的微氣候環境。本章介紹的窗，與運用自然元素的作用來生產或加工食品有關。

畑地區的柿乾燥小屋

畑地区の柿乾燥小屋

◉島根縣松江市

位於松江市畑地區的柿乾製造小屋。畑地區位處海拔 150 ～ 200 公尺的山區，有冷冽而乾燥的空氣吹入，適合生產柿乾。為了因應元月的出貨繁忙期，從 11 月開始垂吊柿子風乾。在二樓的作業場剝除柿皮，並以繩子綑綁，接著拿到通風良好的三樓垂掛風乾。全面敞開鋁製玻璃窗，以保持通風順暢。市售鋁窗經過自行改造，能夠收納進戶袋。〔譯注：戶袋是收納窗板的部分，外觀通常呈箱狀〕

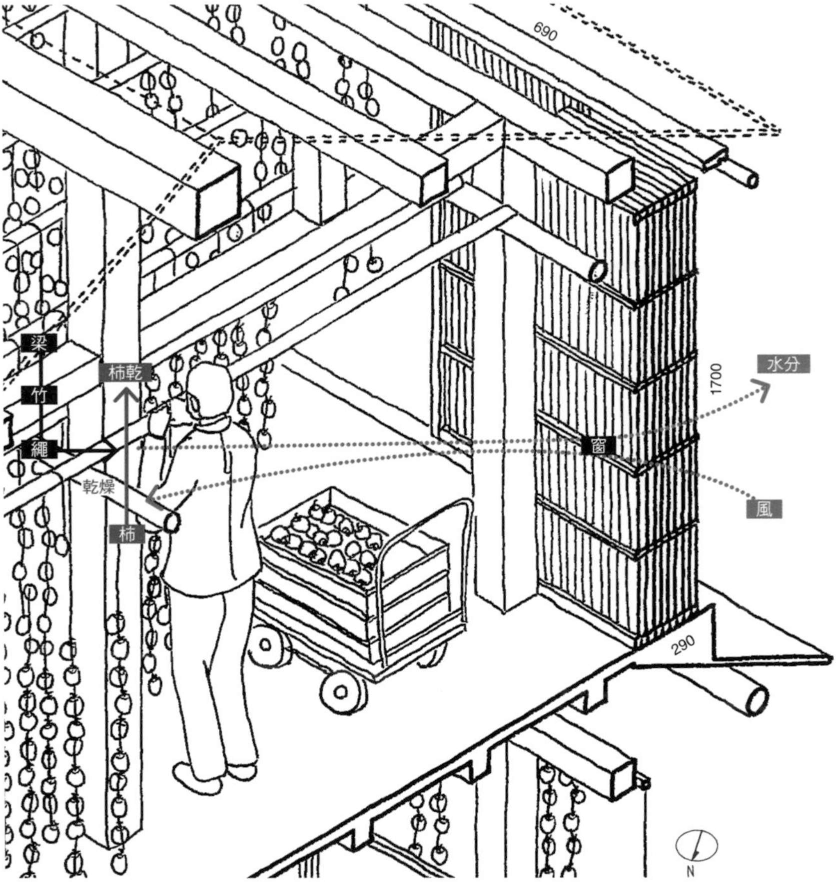

柿乾

吊るし柿　アルミサッシを　開け放ち　風を迎えて　茜(あかね)に燃える

垂掛成串柿　鋁框玻璃面拉窗　敞開一整面　迎來吹拂清冷風　竭力乾枯茜色簾

上／窗戶全面敞開以確保通風良好
下左／柿子以剖半的原木柱和竹竿垂吊　下右／窗戶可全部收進戶袋中

上／後方：以機器去皮留蒂
　　前方：用削皮刀將皮剝除乾淨
中／在二樓的作業場剝除柿皮，並以
　　繩子綑綁
下／鋁窗經過改造可在外側重疊收納

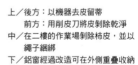

林農園麝香葡萄溫室

林農園マスカット温室

◉岡山縣岡山市

位於岡山縣北區津高，栽種麝香葡萄的溫室。麝香葡萄適合在氣溫約 20℃、紫外線強烈照射的環境中生長。因此，讓從溫室玻璃屋頂照入的紫外線，透過覆蓋地面的反光布反射，促使麝香葡萄的果實生長至呈紫紅色。溫室內的溫度和濕度，透過開啟側窗和天窗引入室外空氣來調節。側窗由九扇形式相同的橫拉窗接續排列，窗扇改造為以木棒連結，可同步開闔。

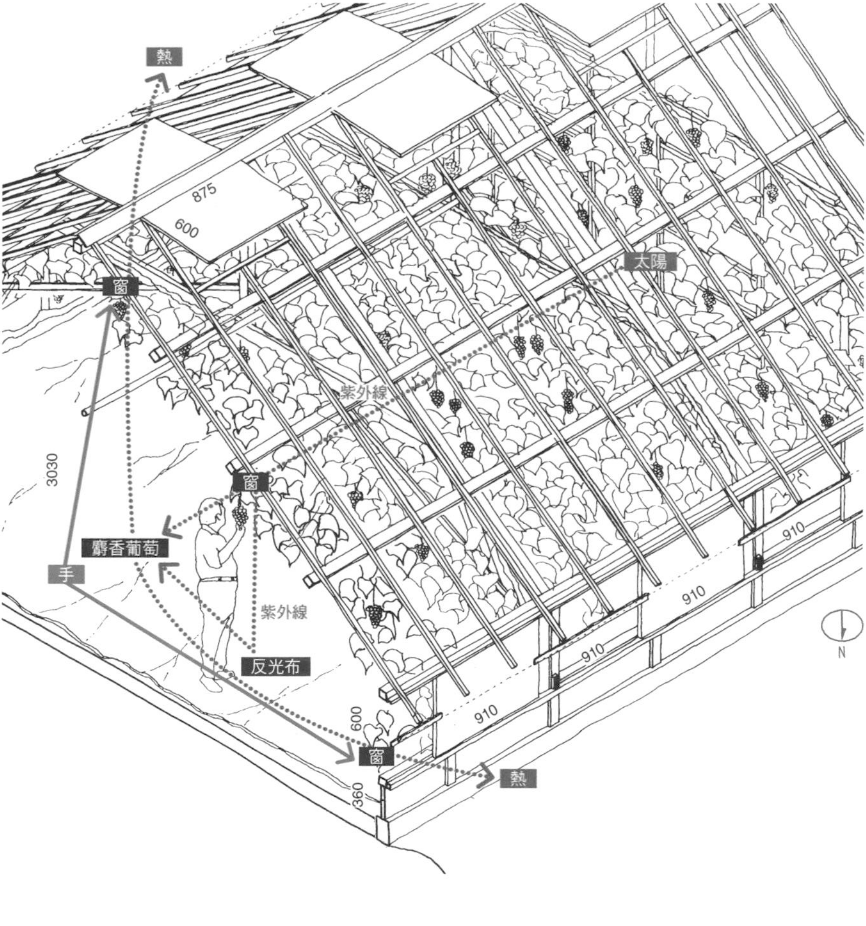

麝香葡萄

連結戸(れんけつど)　一気にスライド　風適度　甘さいかほど　このマスカット

窗扇相連結　一步即可推拉開　風吹恰恰好　滋味既甜又濃郁　溫室栽麝香葡萄

上／設有玻璃屋頂、側窗、天窗的溫室
下左／從溫室內部仰望　下右／天窗以把手控制，可一次全開或全關

九扇橫拉窗相互連結，可同步開闔

沖繩海鹽研究所　採鹵塔

沖縄海塩研究所　採かんタワー

◉沖繩縣島尻郡粟國島

位於沖繩縣粟國島的鹽場。用來濃縮海水的塔狀建物是鋼筋混凝土造，防範颱風侵襲，混凝土梁柱間嵌入混凝土磚。手工打造的牆面上，多孔混凝土磚發揮窗所擁有的通風功能。塔內部垂吊取自沖繩恩納村的竹枝，以幫浦將含鹽濃度 3% 的海水抽升到上方，當海水沿竹枝滴淌而下，藉由橫向來風蒸發水分，最高可將含鹽濃度提高到 15%。濃縮後的海水以大鍋加熱或用日曬方式製鹽。

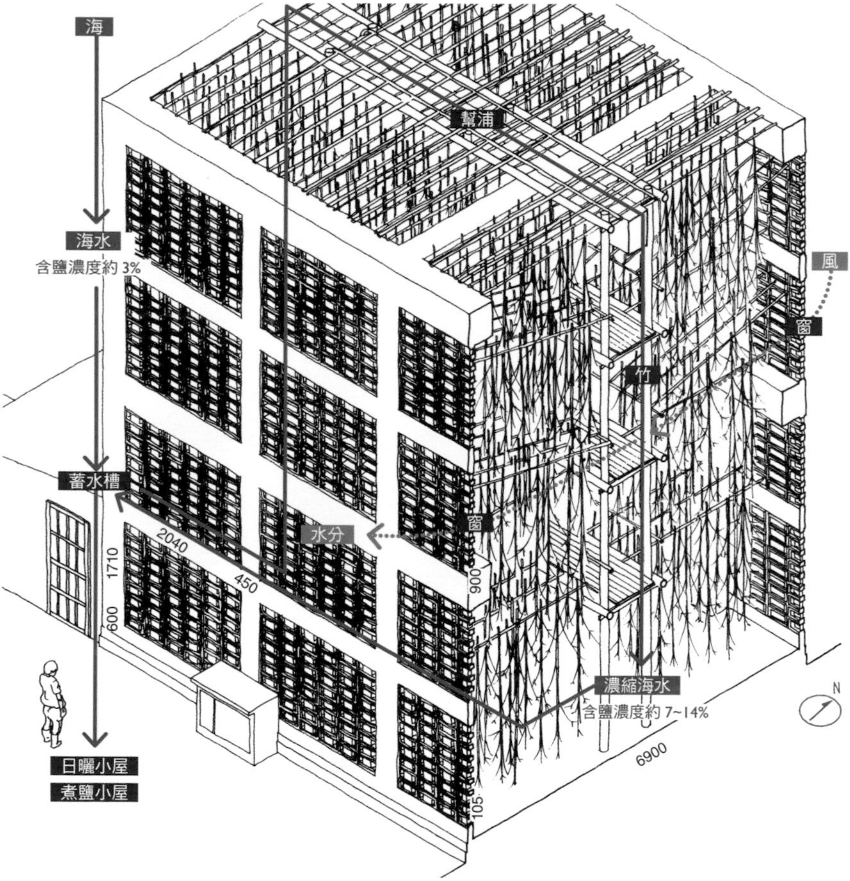

粟国島 竹に滴る 海水の 干して涼しき ブロックの窓

沖縄粟國島 沿垂竹枝滴淌落 大海來的水 清風掠進面磚窗 吹涼水蒸發凝縮

[混凝土磚]

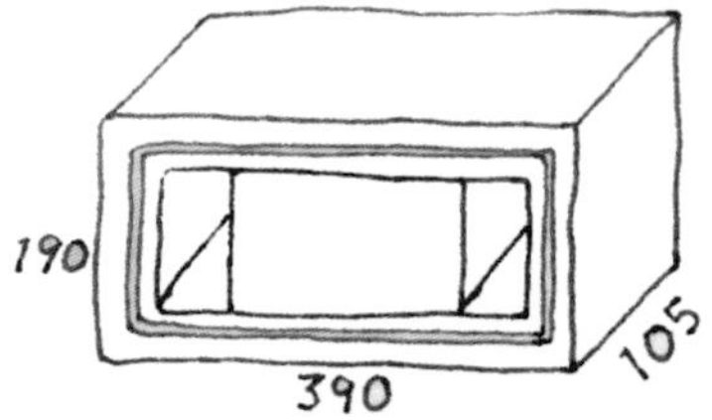

採鹵塔一號機的混凝土磚

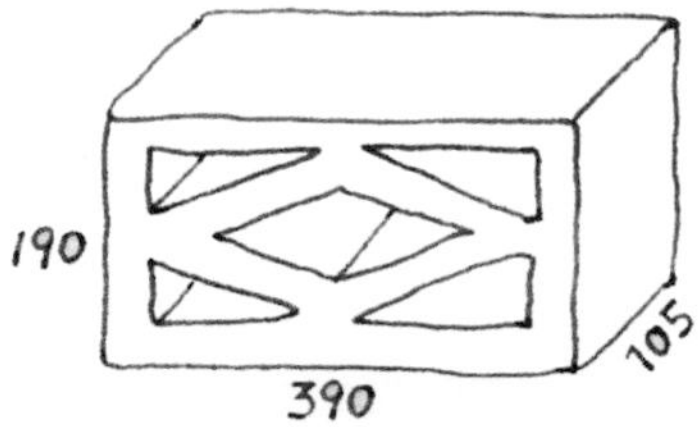

採鹵塔二號機的菱形圖樣混凝土磚

[製鹽流程]

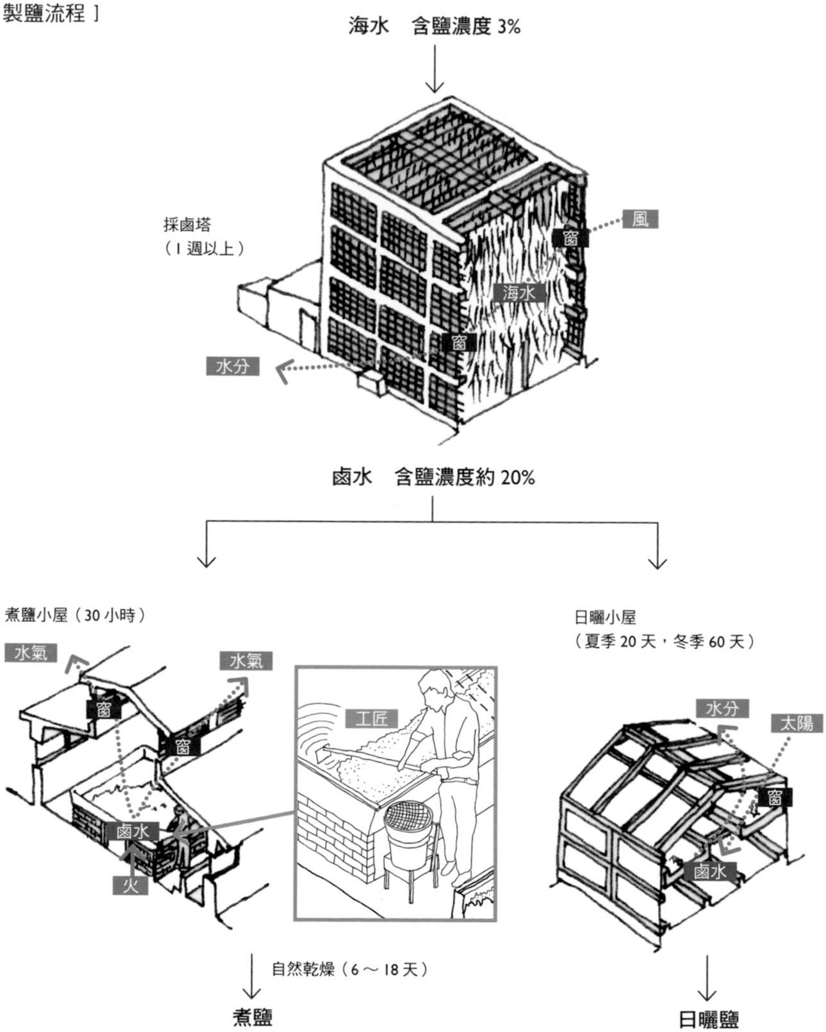

[實測速寫]

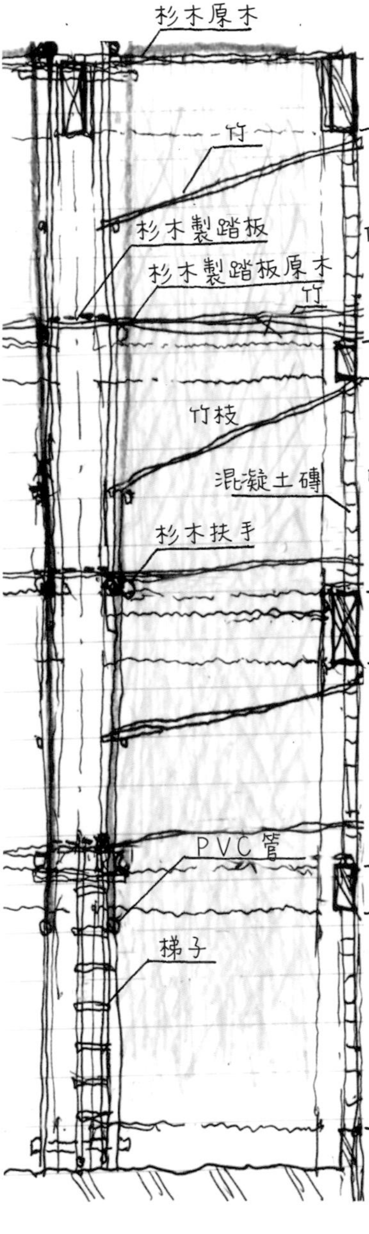

[採鹵塔一號機側斷面]

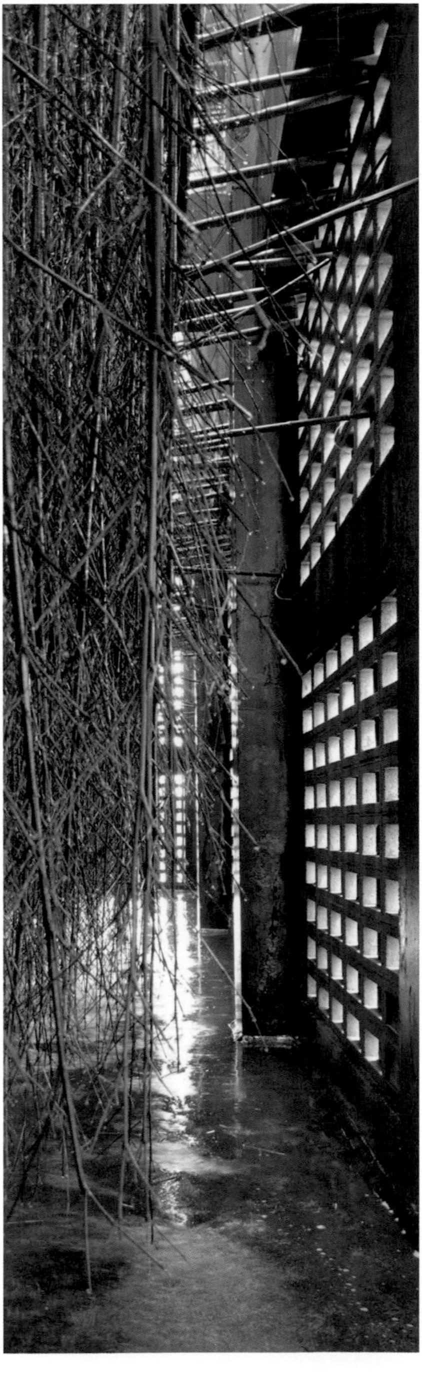

沖繩海鹽研究所　煮鹽小屋

沖縄海塩研究所　釜炊き小屋

◉沖繩縣島尻郡粟國島

煮鹽小屋是混凝土造，室內地板、牆壁和天花板均貼上磁磚，防止沾染雜質。以薪柴在大鍋中加熱濃縮後的海水來製鹽。煮鹽用的四方形淺底鐵鍋的上方設有排煙口，為了不讓雜質從外入侵，排煙口有百葉遮擋。百葉外側是木製遮雨板，颱風來襲時可關閉開口。

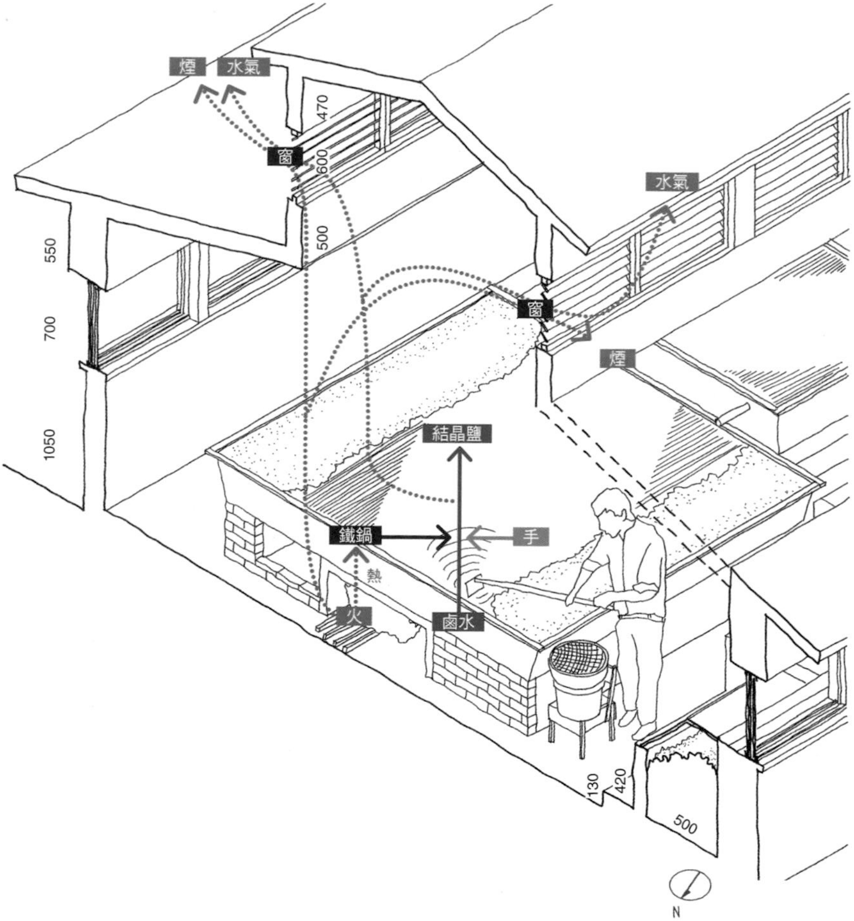

トンボ持ち　焦がさず煮詰めて　塩の山　溢れ出る湯気　粟国(あぐに)の越屋根(こしやね)

手握木耙子　翻攪煮鹽收乾汁　堆鹽成小山　水氣蒸騰四散逸　粟國小屋太子樓

沖繩海鹽研究所　日曬小屋

沖縄海塩研究所　天日干し小屋

◉沖繩縣島尻郡粟國島

日曬小屋以壓克力板覆蓋，匯聚太陽光熱後，用混凝土造水槽蓄熱，夏天室內溫度超過 70℃。以日光曝曬方式從濃縮海水中取鹽，夏季約需二十天，冬季約六十天。海水在下方水槽進一步凝縮後，再抽升到上層水槽濃縮，直至鹽粒析出。小屋入口處設有板門和防蟲紗窗，在小屋中作業時，打開板門引入室外空氣並排出濕氣。

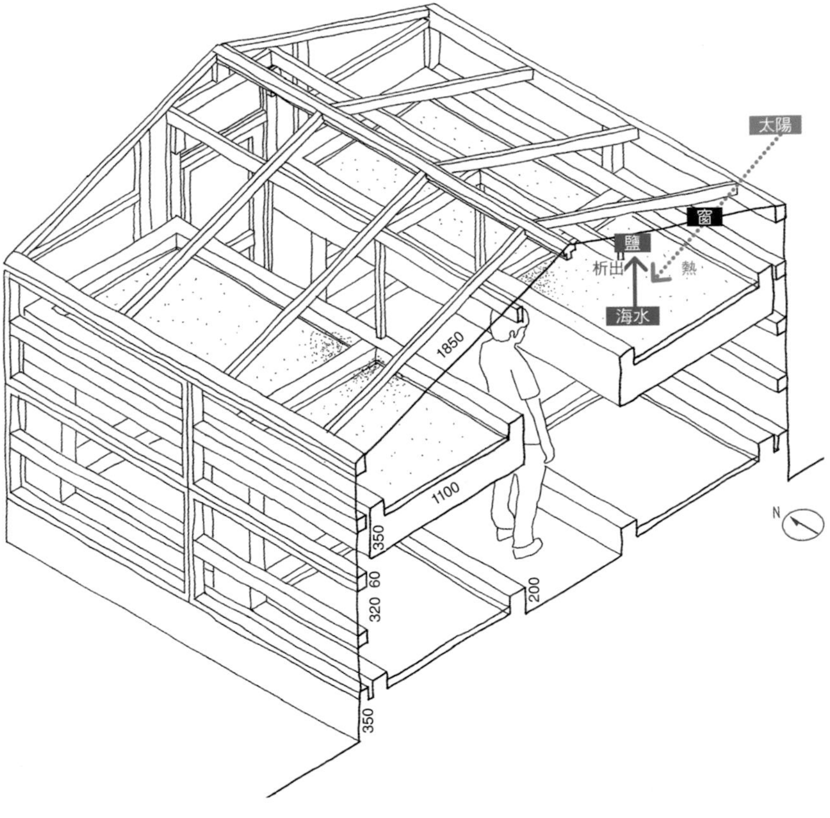

海水が　太陽にらんで　塩となる　夏二十日　冬六十日

鹹鹹海水兒　飽飽吸足太陽熱　凝析變成鹽　夏費二十日光陰　冬耗六十日歲月

天草鹽會

天草塩の会

◉熊本縣天草市

位於熊本縣天草市的製鹽工作室。原在伊豆大島從事重建鹽田運動的鹽場員工，來到天草開始製鹽。以幫浦汲取海水灌入水槽，再數度讓海水從灑水塔滴落，藉由風吹提高含鹽濃度，將濃度達到最高的海水以日曬和烹煮方式製鹽。木造的日曬室頂部覆蓋 PC 材質的透明波浪板打造成屋頂，只以日照提高室內溫度，使海水中的水分蒸發，析出鹽粒。水氣從山牆面的百葉氣窗排出。一次製鹽作業，夏季約需半個月，冬季費時兩、三個月。

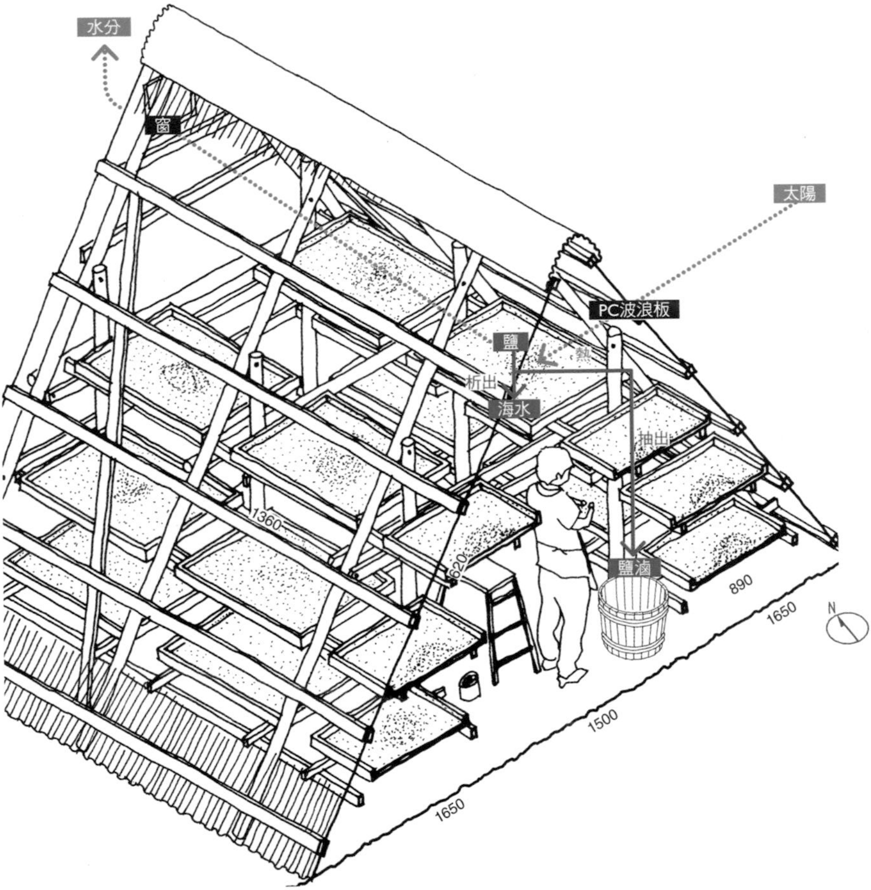

陽を集め　いづる天草　塩の島

匯聚太陽光　日曬蒸發析出鹽　天草鹽之島

修復的鹽田釜屋

復元塩田釜屋

◉兵庫縣赤穗市

兵庫縣的赤穗市海洋科學館仿原樣重建的鹽場。赤穗一帶拜瀨戶內海的和煦氣候所賜，自古就是著名的製鹽之鄉。雖然今日在工廠製鹽已成主流，過去卻是在鹽田製鹽。在鐵鍋中煮沸鹵水（濃鹽水），直到鹽粒結晶析出，再移至「乾燥室」（居出場）排出鹽滷並乾燥。為了排出製鹽過程中產生的水氣，在山牆面裝設稱為「うそぐち」（usoguchi）的百葉窗扇和尖角形外罩。加上外罩是避免水氣影響屋頂茅草，使其腐壞。

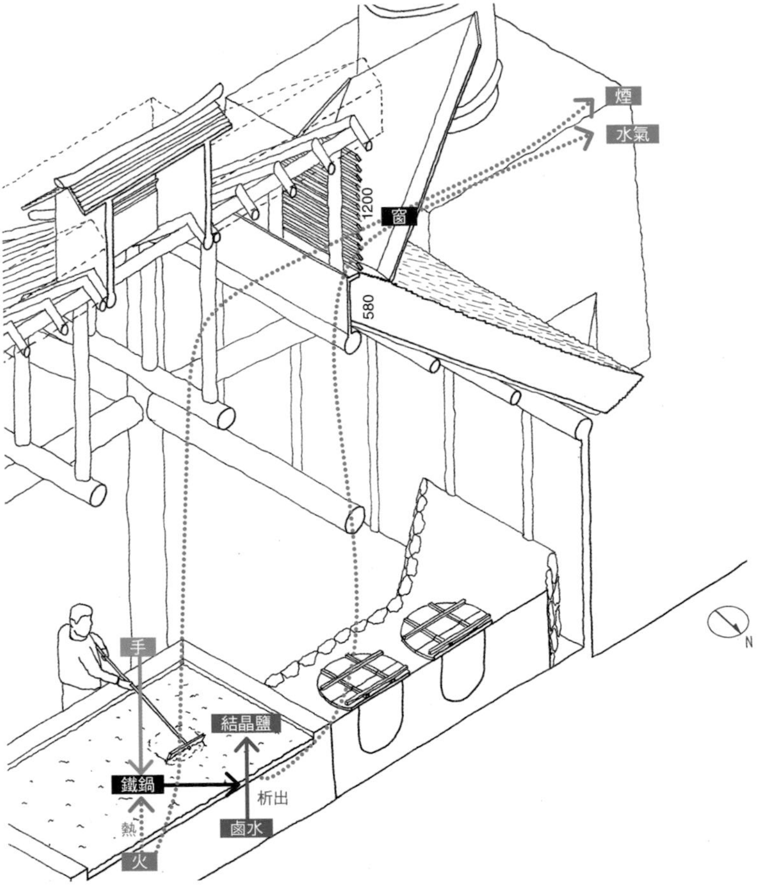

釜を煮て　いづる塩から　立ち上る　湯気を吹き出す　妻のうそぐち

燃火炊煮起　大鐵鍋內鹽鹵水　氤氳蒸騰起　大口噴出水蒸氣　山牆上百葉窗扇

竹內商店

竹内商店

◉高知縣土佐市

位於高知縣土佐市宇佐町的柴魚（鰹節）生產工廠。鰹魚在焚納屋焙燻後製成魚乾。焚納屋樓高五層，各樓設置鐵製拉門，燻製時關閉拉門讓燻煙布滿室內，待燻製完成即可敞開拉門排出燻煙。柴魚生產流程是先將鰹魚剖成三片在鍋中烹煮，剔除皮、脂肪、骨頭等之後，在焚納屋中焚燒薪柴焙燻魚肉，同時使其乾燥。鰹魚肉一開始放置在靠近火源的下層，再逐漸向上層移動改以低溫焙燻。焙燻完成後，削除附著在鰹魚表面的焦黑部分，經過日曬，擱置在通風不佳的室內讓表面長出黴菌。黴菌會吸乾鰹魚殘餘的水分，等到無法再長出黴菌的狀態，柴魚即告完成。

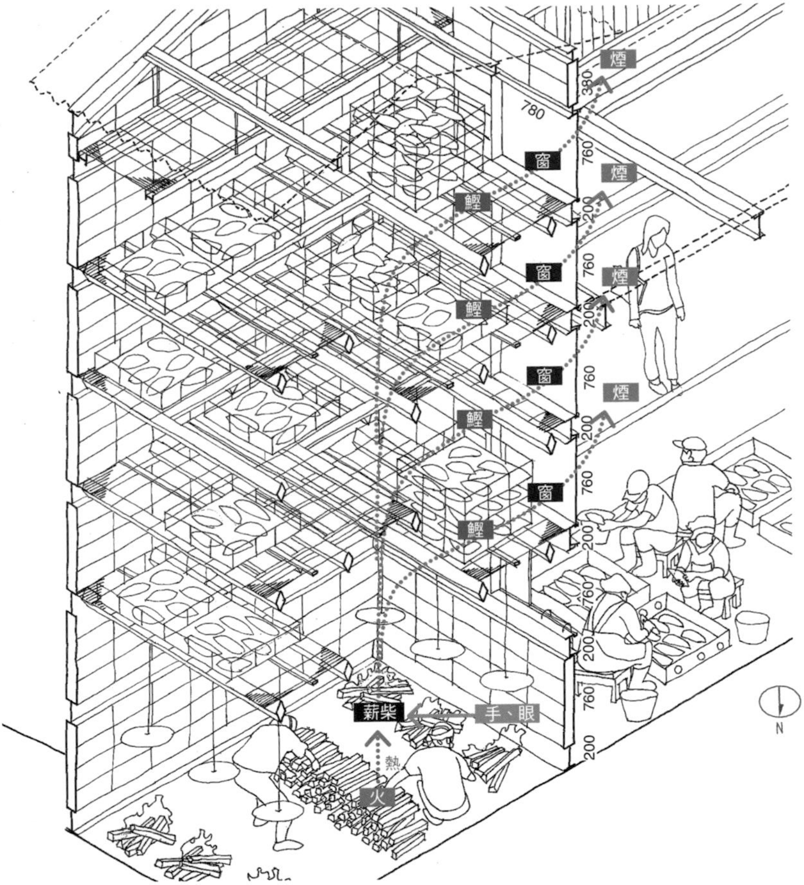

鉄の窓　鰹(かつお)風味の　煙吐く

大口呑吐出　鰹魚風味燻煙的　扇扇鐵拉窗

雄勝野木村屋

雄勝野きむらや

◉秋田縣湯澤市

位於秋田縣湯澤市的白蘿蔔燻製小屋。白蘿蔔的燻製始於 9 月中旬，進行到開始下雪前的 12 月初。首先，在作業場切除蘿蔔的頭尾，再將數根蘿蔔集結綑綁成串，掛在燻製小屋的梁上焙燻三、四天。接下來，以鹽、米糠、砂糖醃漬數月，再經過洗滌，煙燻蘿蔔乾（いぶりがっこ）即告完成。〔譯注：いぶりがっこ是雄勝野木村屋在 1964 年推出的產品，得名自秋田方言中將醃漬品稱為がっこ，又有一說がっこ可寫為「雅香」〕建物設有排煙用的外推下懸窗，燻製過程中用滑軌和繩索開關窗戶來調整煙量，配合火勢減弱縮減開窗程度。梁上另設有白鐵板以控制燻煙，更細微地調節煙量。燻製小屋的木造屋頂骨架和白鐵板內壁，被煤煙燻得漆黑。

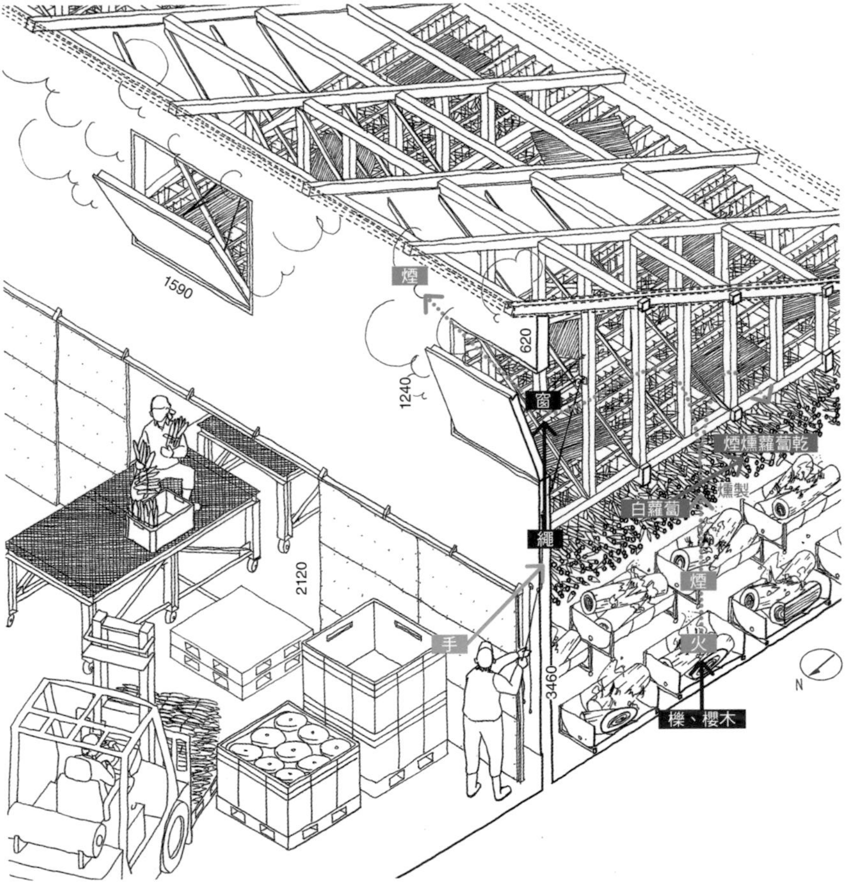

もくもくもく　閉めては開けて　干す大根(でぇご)　煙ぞ薫る　横手(よこて)のがっこ

噴氣升騰騰　關了開開了又關　白蘿蔔乾兒　焚燒櫻木材燻燒　秋田橫手產雅香

上／燻製前先切除蘿蔔頭尾，以線段綑綁
下／燻製後的蘿蔔加入鹽、米糠、砂糖，覆蓋重物再行儲藏

上／將蘿蔔掛在梁上的釘子處
下／煙燻用的薪柴，混用香氣芬芳的櫟和櫻木

味匠喜川

味匠喜っ川

◉新潟縣村上市

位於新潟縣村上市，生產、販售「鹽漬鮭魚」的老店。建物是已有一百三十年歷史的町家，道路側做為店舖，裡側則是生產鹽漬鮭魚的作業場。鮭魚從室內梁上倒掛而下，費時一年乾燥、熟成。配合風向、季節、天氣來開闔建築側面的窗戶，讓室內保持適合熟成的環境。窗戶原採木框，因地震和颱風毀壞而換成鋁框。拉動固定在窗框上的鋼絲，就能開關窗戶。選在室內熟成的另一個原因是為了避免鮭魚受紫外線照射導致成分產生變化，使風味變差。

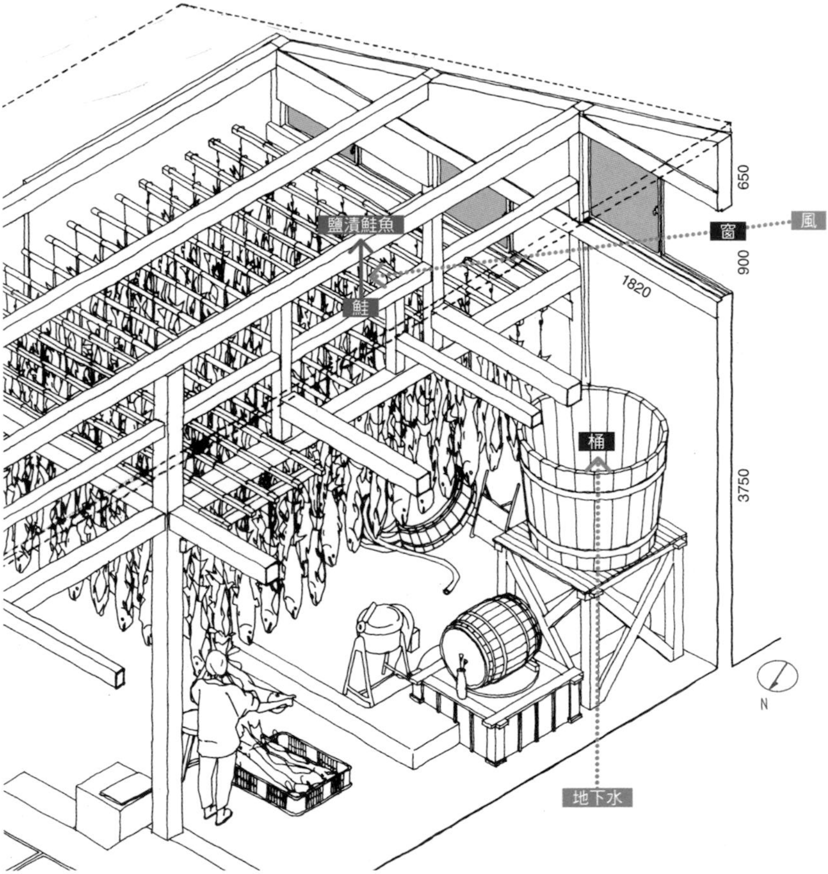

鹽漬鮭魚

海風に　さらされ鮭の　味しまる

海邊吹來風　劃撫過垂吊鮭魚　鎖住好滋味

[「薰風」吹拂時]

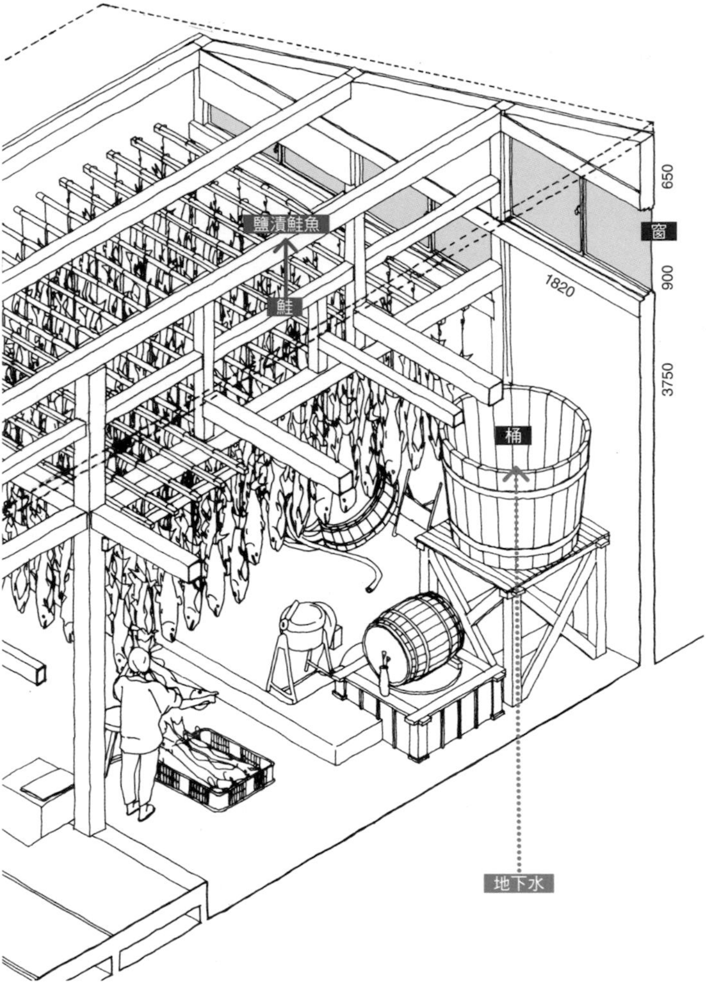

日本將來自東南方的風稱為「薰風」（だしの風）。風從關東北部吹來，穿過豬苗代，來到村上市，富含各種細菌，非常不利於鹽漬鮭魚。吹薰風時，關閉窗戶，避免鮭魚沾染細菌。

[鹽漬鮭魚生產流程]

1. 捕鮭

使用 11 月下旬到 12 月捕獲的鮭魚。村上地區的鮭魚在這一時期最鮮美。

▼

2. 鹽漬、水洗

去除鮭魚的黏液和內臟後抹鹽。入味與否因個別鮭魚的體型差異而異，針對大小不同的鮭魚所塗抹的鹽量也有別。鹽漬完成後，利用汲取自地下的天然水沖洗。

▼

3. 吊掛鮭魚

經過水洗的鮭魚吊掛一年時間乾燥、熟成。通常吊掛鮭魚會將魚頭向上，在村上則是魚頭朝下。另有一說是為了避免聯想到上吊的景象。一年後，熟成的鮭魚移至建物內側的冷藏庫儲放。

鮭魚下方是鹽漬、水洗的作業場

南保留太郎商店

南保留太郎商店

◉北海道余市郡余市町

位於北海道余市町的燻製小屋。產品主要以蝦、印地安鮭魚、扇貝、鯡魚等製成。燻製手法依適用溫度不同，大致分為熱燻、溫燻、冷燻三類。這裡採用「冷燻」法，以約 20℃的燻煙，慢火燻燒一週至三週，直到食材吸收薰香而外表呈金黃色即告完成。燻料使用北海道特有的樺木、櫟木之木屑混合而成。屋頂太子樓部分的木製百葉窗扇下方設有開關板，拉動連接板材的繩索即可開闔。燻製室的拉門底部設有平開小門，可開關外牆上的氣窗調節室內溫度。拉門上還設有小窗，可探看小屋內部的情形。

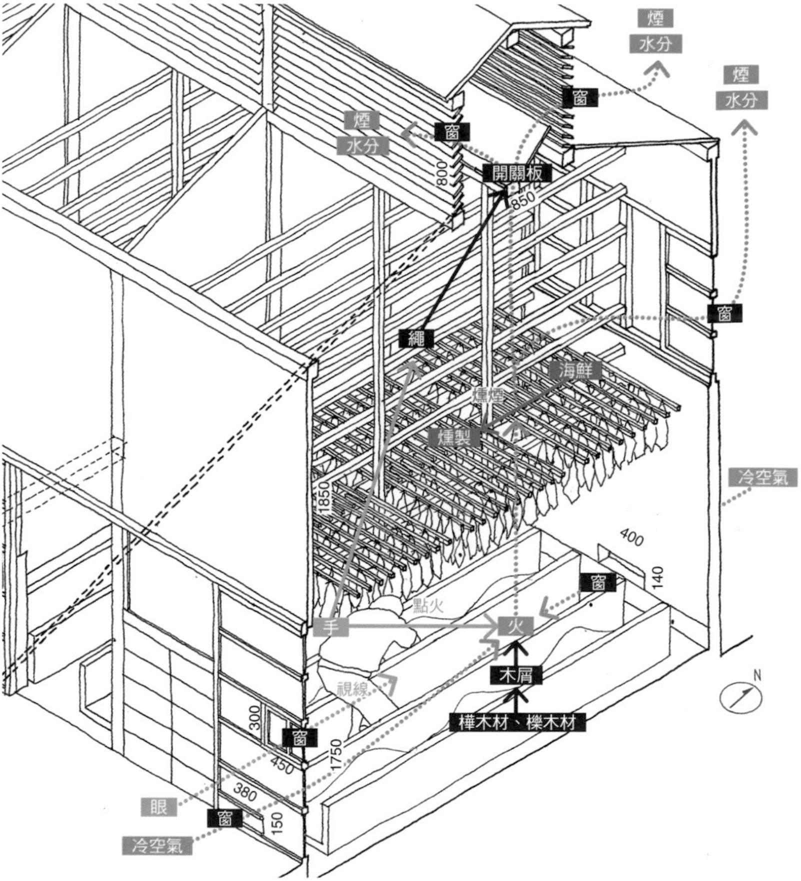

煙繰る　六つの窓に　燻さるる　えびたらにしん　ほっけすけそう

燻煙氣氤氳　圍繞小屋六扇窗　燻燒烘海鮮　蝦真鱈太平洋鯡　多線魚和佐助鱈

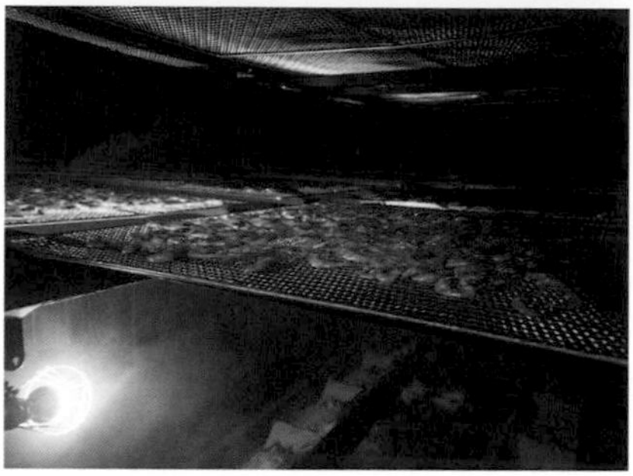

上左（上）／將鯡魚釘在木條上
上左（下）／蝦子平鋪在架於木框間的網上
上右／燻製完成後將網子收在棚架裡
下／燻製室入口的木製拉門：上方是可探看室內的平開窗，下方是引入冷空氣用的平開小門

上／正對木製拉門的外牆上的氣窗：採拉門式，可調節煙和熱的排出量
下左／太子樓下方的板材連接著繩索，可用來開關
下右（上）／木拉門對向處牆面底部的氣窗
下右（下）／藉由氣窗調節引入的冷空氣量

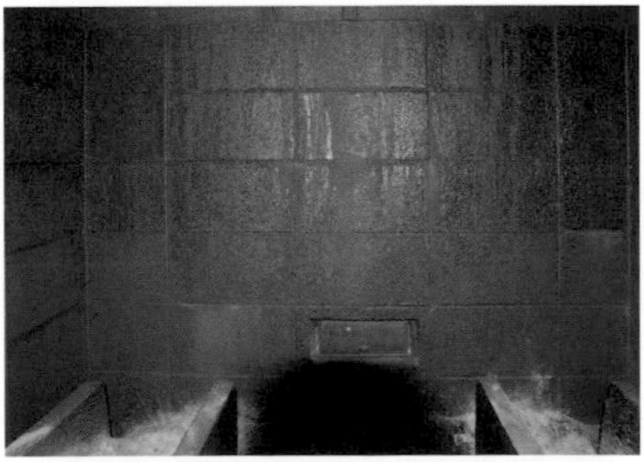

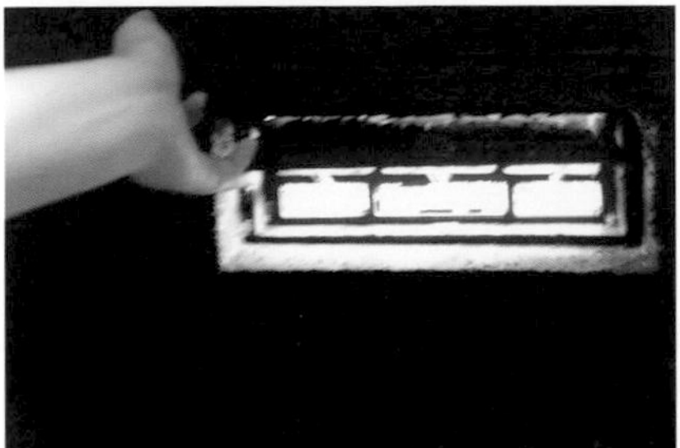

湯波半

湯波半

◉京都府京都市

位於京都市中京區，享保元年（1716年）創立的腐皮老店。生產區設在京町屋的穿庭（通り庭），裡面並排設置了淺底平鍋、磨臼、井等等。清晨四點開始製作腐皮。用水浸泡一晚的黃豆先以臼研磨，再放入大鍋烹煮後，裝入袋內擠壓，分離豆漿與豆渣。接著將豆漿注入平鍋中加熱，待湯水表面形成薄膜便以竹籤撈起，並把竹籤插入從橫梁懸吊而下的木框架上，薄膜風乾後，腐皮即告完成。道路側的窗戶未裝設玻璃窗面，加熱豆漿時產生的大量水氣藉由橫拉式天窗排出，拉動繩索便可開啟天窗；格子窗、蟲籠窗則用來引入室外空氣。〔譯注：粗寬的直條以窄小間隔排列嵌入窗中，形似蟲籠的窗，即為蟲籠窗〕

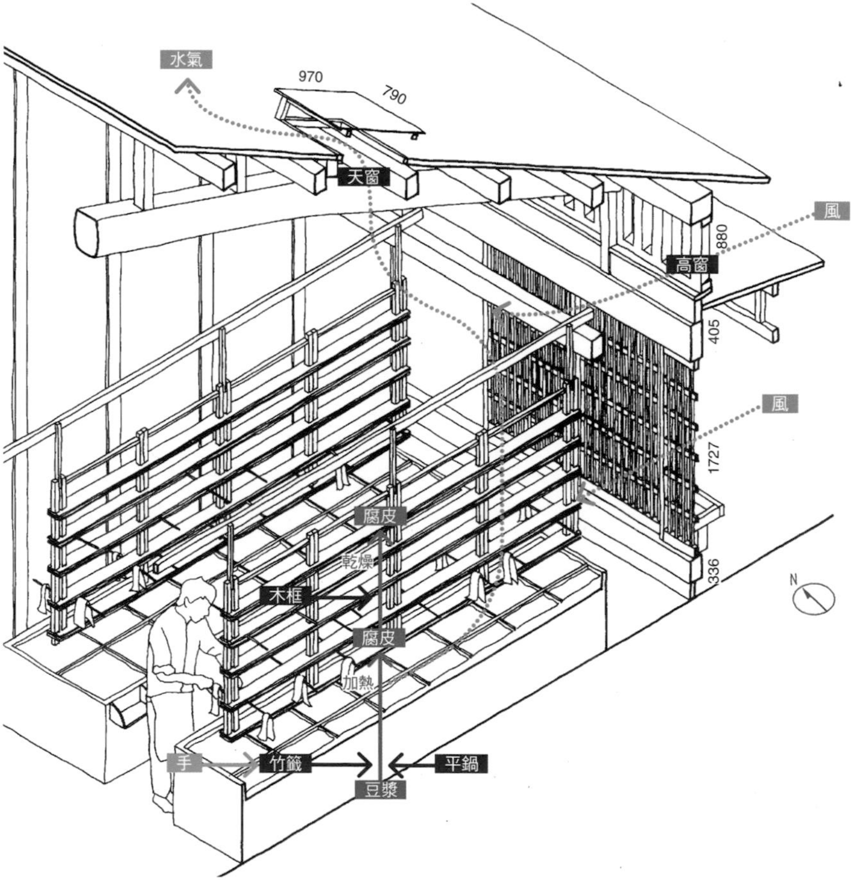

薄明かり　たなびく湯葉と　のぼる湯気

薄透微明光　飄忽豆腐皮晃蕩　水氣細裊裊

竹籤插入橫梁吊起的木框架上以晾乾腐皮

加熱豆漿時產生的大量水氣從天窗排出

高木糀商店

高木糀商店

◉石川縣金澤市

位於石川縣金澤市，1830 年創立、建物約一百八十年歷史的製麴工廠。目前由第八代傳人高木龍先生經營。製作米麴要先將清洗乾淨的米以專用大鍋蒸煮約一小時，再鋪在「麴蓋」（杉木盤）上熟成。等到米粒上附著麴菌（種麴），移至位於地下的麴室，發酵數日即大功告成。夯土地上設置的大型鍋具所發散的水氣，從屋頂太子樓處的高窗排出。

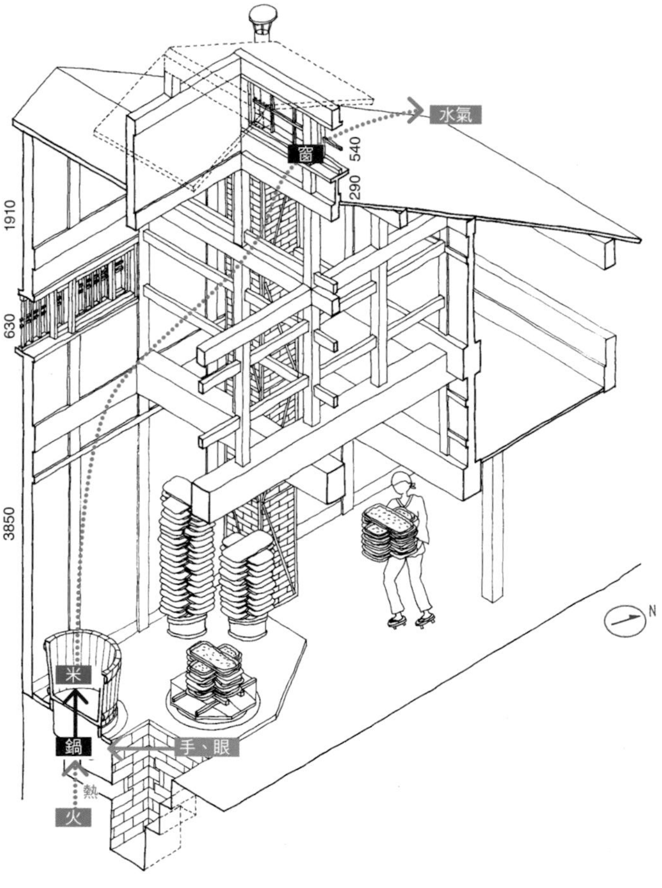

越屋根へ　米の湯気立ち　糀咲く

炊米冒白煙　朝屋頂上窗蒸騰　催米麴開花

薩摩酒造　明治蔵

薩摩酒造　明治藏

◉鹿兒島縣枕崎市

位於鹿兒島縣枕崎市，明治晚期建成的番薯燒酒（芋焼酎）釀酒廠。至今仍維持與當時相同的釀酒方式。釀造燒酒的程序之一是「蒸餾」，蒸餾作業場的屋頂設有突出其上、用來排煙的六角形窗。從作業場可用按鈕操縱窗戶開闔，以排出蒸餾時產生的水氣。

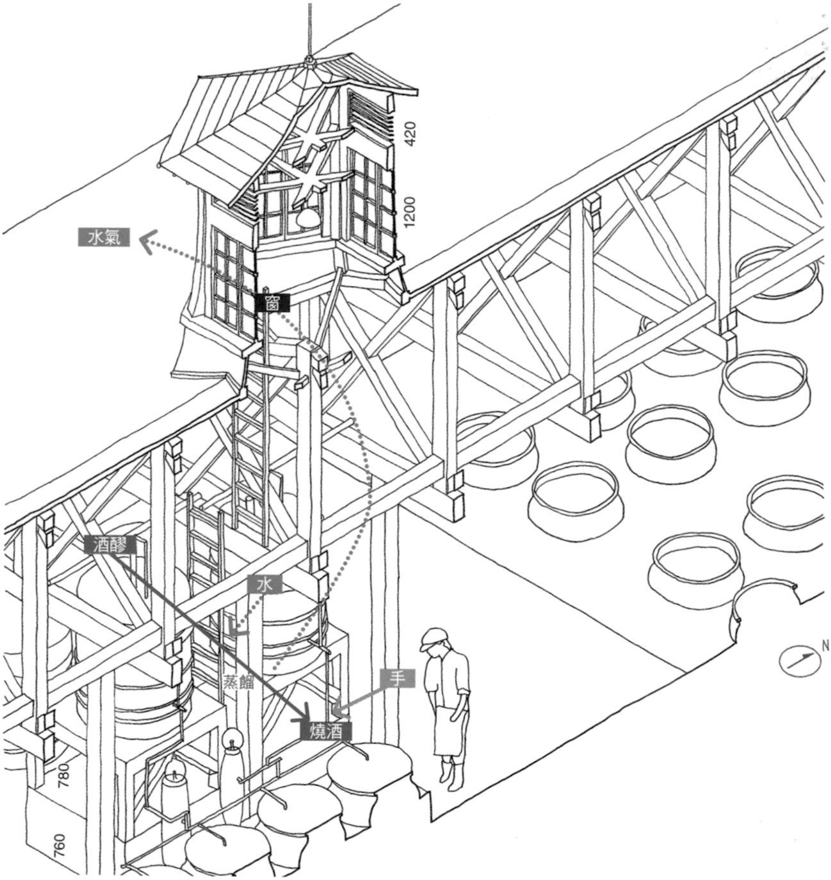

もろみ炊く　屋根の上には　六角堂　湯気にがしつつ　光取り込む

燃火炊酒醪　釀酒廠屋頂之上　突出六角樓　排除水蒸氣向外　擷取日光入室內

日果威士忌　乾燥塔

ニッカウヰスキー　キルン塔

◉北海道余市郡余市町

位於北海道余市町的威士忌乾燥塔（kiln）。這種建物形式最早在蘇格蘭設計出來時，因為形似佛塔，被稱為「寶塔頂」（pagoda roof）。乾燥塔內部，燃燒泥煤（peat）產生的煙和熱向上碰撞平板後，往四周擴散，滿溢到爐灶上方的整個封閉空間，再緩緩上升穿透鐵網地面，燻燒鐵網上的大麥，藉此抑制大麥發芽，成為沾染泥煤香氣的麥芽（malt）。飄升到最上部的煙和熱，透過夾於上下層方形屋頂間、由橫木條組成的百葉窗排出。

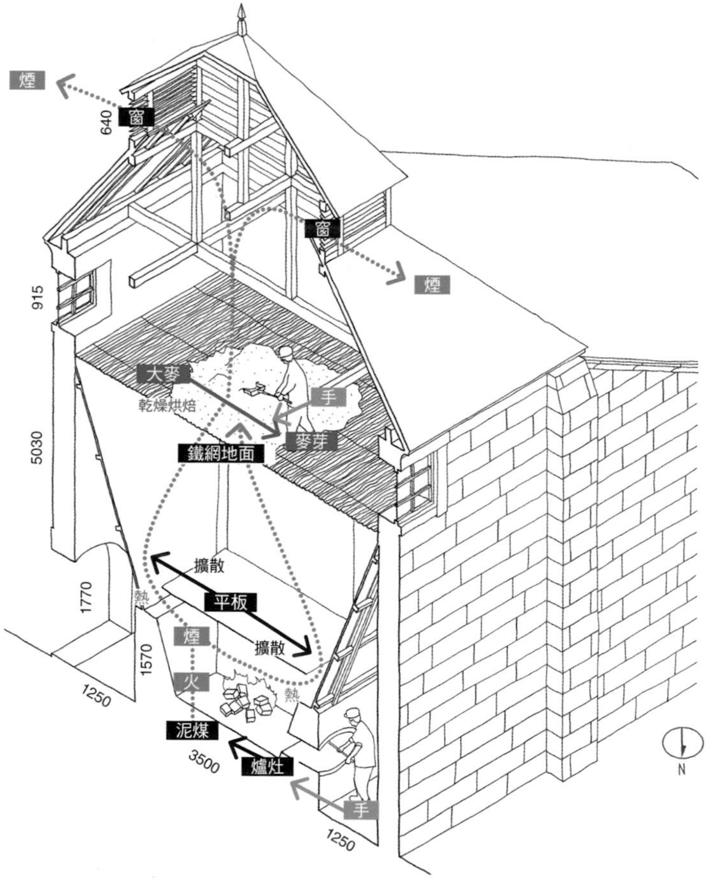

燻し香を　あつめて高し　キルン塔

泥煤燻煙香　麋集蜂萃裊裊升　寶塔頂窯爐

上／二樓地面以鐵網鋪成，網目細緻可供燻煙穿透，卻不會讓大麥粒掉落
下／一樓有磚砌爐灶，其上設有屏障引導煙氣向上

上／乾燥塔是蒸餾酒廠的象徵，外牆以小樽軟石砌成
中／蒸餾樓屋頂同樣設置兼具採光與排出蒸氣功用的窗
下／熟成用的酒窖不設窗戶，以維持內部穩定的氣候

［威士忌釀造流程］

1. 原料

使用 Golden Melon 品種的大麥為原料。

▼

2. 乾燥

在乾燥塔內，焚燒由碳化不完全的北海道草花植物做成的泥煤，以焚煙烘乾大麥。這一步驟讓威士忌帶有獨特的煙燻味。

▼

3. 研磨

以磨粉機碾碎麥芽。

▼

4. 糖化

在糖化槽內加入約 60℃溫水將碾碎的麥芽糖化，製成甜麥芽汁（糖化液）。

▼

5. 酒母

加入日果獨家培養的威士忌酵母。

▼

6. 發酵

將酵母加入發酵槽的麥芽汁中，經過約三天發酵，形成酒精濃度 7～8%的酒醪。

▼

7. 發酵

將酵母加入發酵槽的麥芽汁中，形成含酒精成分的酒醪。

▼

8. 蒸餾

經過罐式蒸餾器（pot still）二次蒸餾後分離出酒液，形成無色透明的原酒。使用直頭型罐式蒸餾器，直接燃燒木炭加熱蒸餾，製成帶有高雅香氣、味道濃烈的威士忌。因為採用大型蒸餾器，將蒸餾樓的樓高設計得較高。

▼

9. 熟成

將原酒填入橡木製酒桶內，置放於酒窖熟成。窖內地面是未鋪裝的泥土地以保持濕度，石砌外牆讓夏天亦可維持低溫。余市共有二十六座酒窖。

原京都府茶業會館

旧京都府茶業会館

◉京都府宇治市

位於京都府宇治市的茶業會館。建設時是隸屬公益法人京都府茶業會議所的建物，現在是宇治茶道場「匠之館」，做為茶道教室等用途。從牆面突出的凹室上方設有天窗，稱為「拜見窗」，用來識別茶葉或茶色。窗面向北側，以便提供穩定且均勻的光線，同時為了避免光線漫射，在凹室內側塗上黑漆。辨別色澤時，將茶葉置放於黑色托盤、茶湯注入白瓷茶杯。

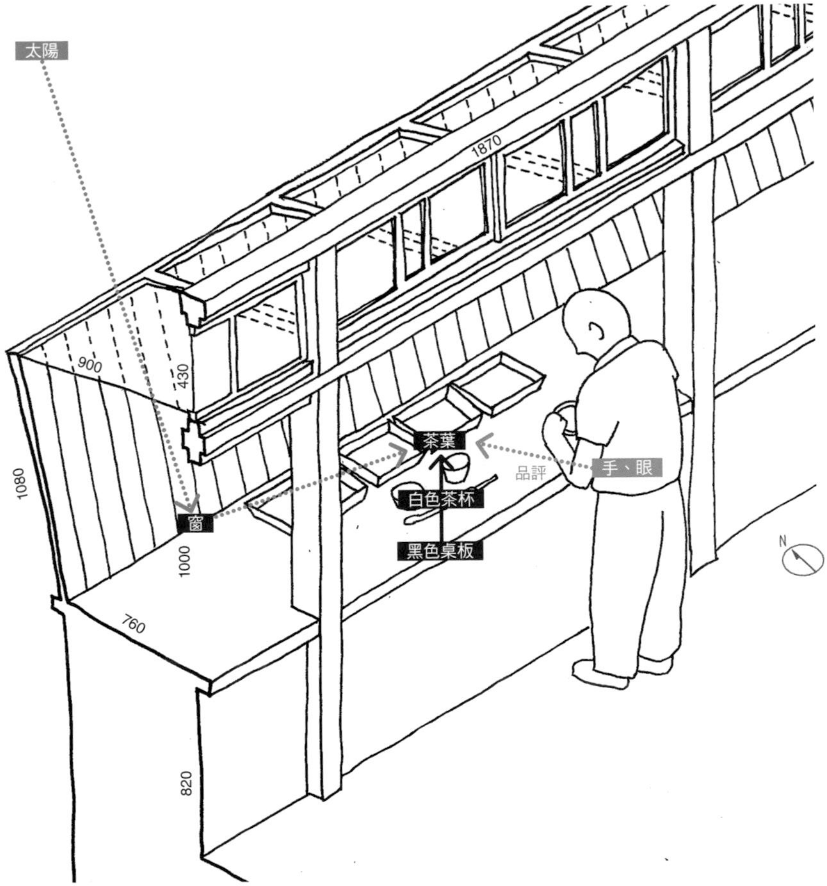

黒を敷き　白磁並べて　目で遊ぶ　光で淹れる　緑の新茶

墨黑色為底　白瓷杯排列成行　慧眼轉玩味　以傾瀉光亮沖沏　早生嫩芽綠新茶

上／向北的拜見窗
下左／外觀　下右／白瓷茶杯與黑色托盤

藉由灑落的自然光，增加鑑定茶色眼光銳利度而設的拜見窗

矢部屋　許斐本家

矢部屋　許斐本家

◉福岡縣八女市

位於福岡縣八女市，三百年歷史的八女茶老店。目前使用的建物建於江戶時代，原為外國商館之用，大正時代在窗外加設遮板，改為拜見窗形式。許斐本家在八女茶品質尚未穩定的大正至昭和時代，擔任茶農的指導者，在拜見窗下鑑定茶農送來的茶葉品質，並進行質地的指正。茶葉出口到外國時，或為讓色澤美麗而著色，或為增加分量混入舊茶，因此必須藉由拜見窗引入的均勻光線鑑定葉片良莠，確保茶葉品質。在雙向橫拉玻璃窗外，另外設置了遮板，讓照入室內的光源穩定。將板材染黑，則是為了避免光線漫射。

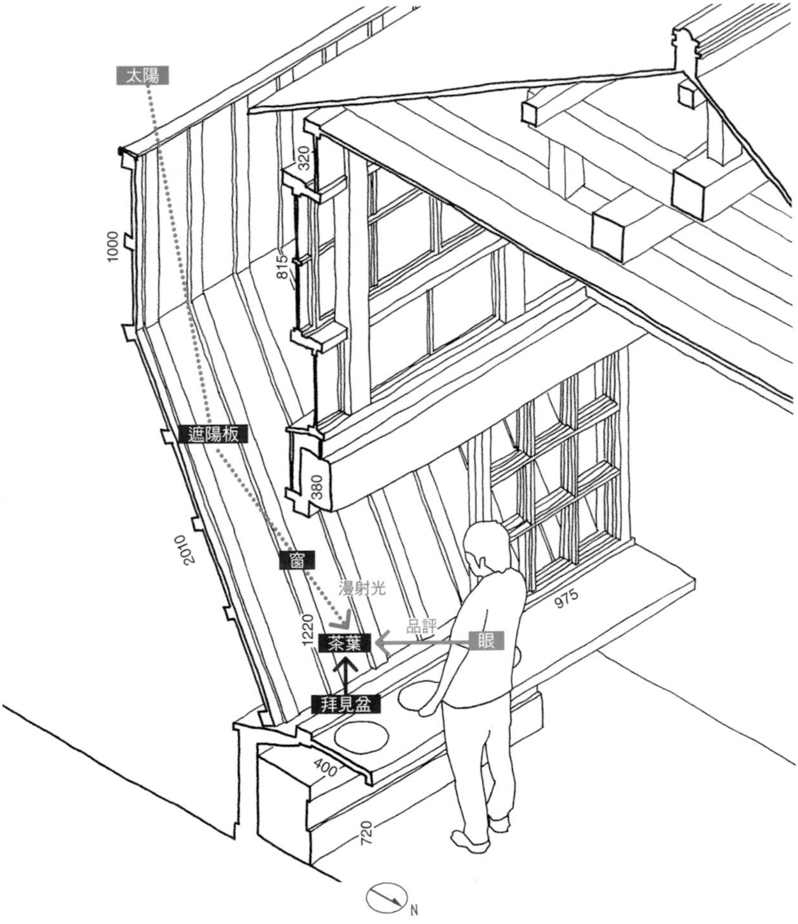

盆の上　日にかざし見る　茶葉のいろ

拜見盆呈上　遮板透光亮端詳　茶湯葉顏色

Tsuruya 麻糬舖

ツルヤ餅菓子舗

◉北海道小樽市

位於北海道小樽市，大正晚期建成的木造兩層樓餅舖。便於攜帶、簡單易食的麻糬廣受在港口工作的人喜愛，做為往來交易據點的小樽市因而餅舖眾多。早期麻糬是從半夜兩點開始製作。傳承自上一代的搗麻糬機、石臼、平板等工具雖然滿布歲月痕跡，至今仍持續使用。橫軸翻轉式、玻璃窗面的屋頂老虎窗，用來排出蒸米、搗麻糬時發散的水氣，蒸米用的爐灶產生的炊煙則從煙囪排放，就像要爭奪空間般，煙囪貫穿老虎窗閣設置。

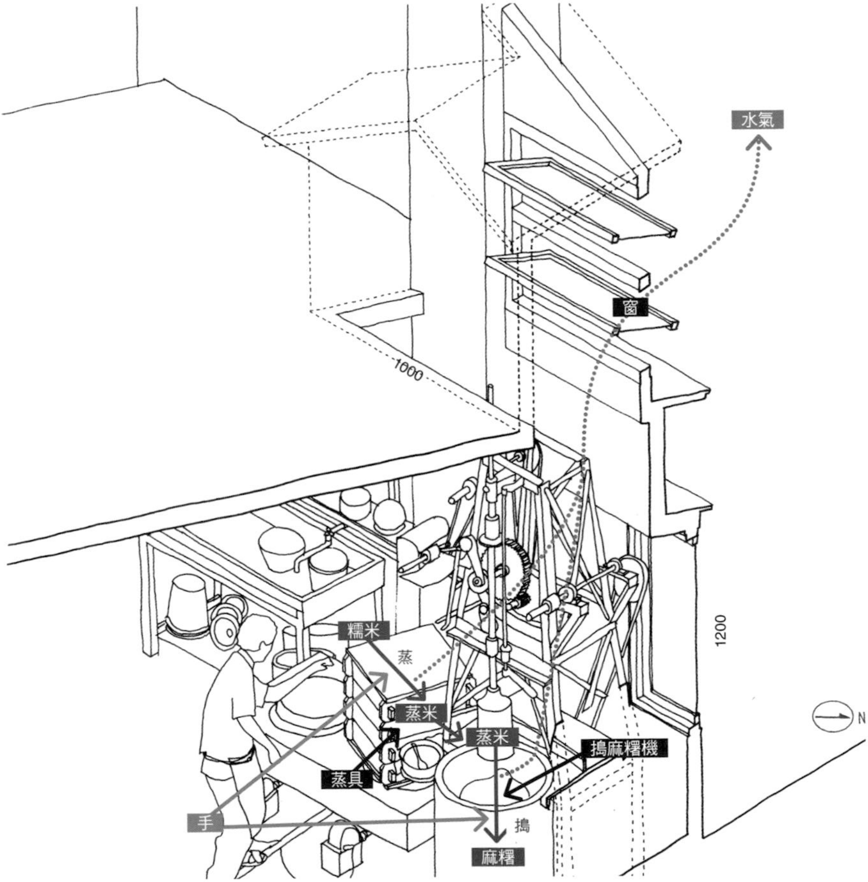

麻糬

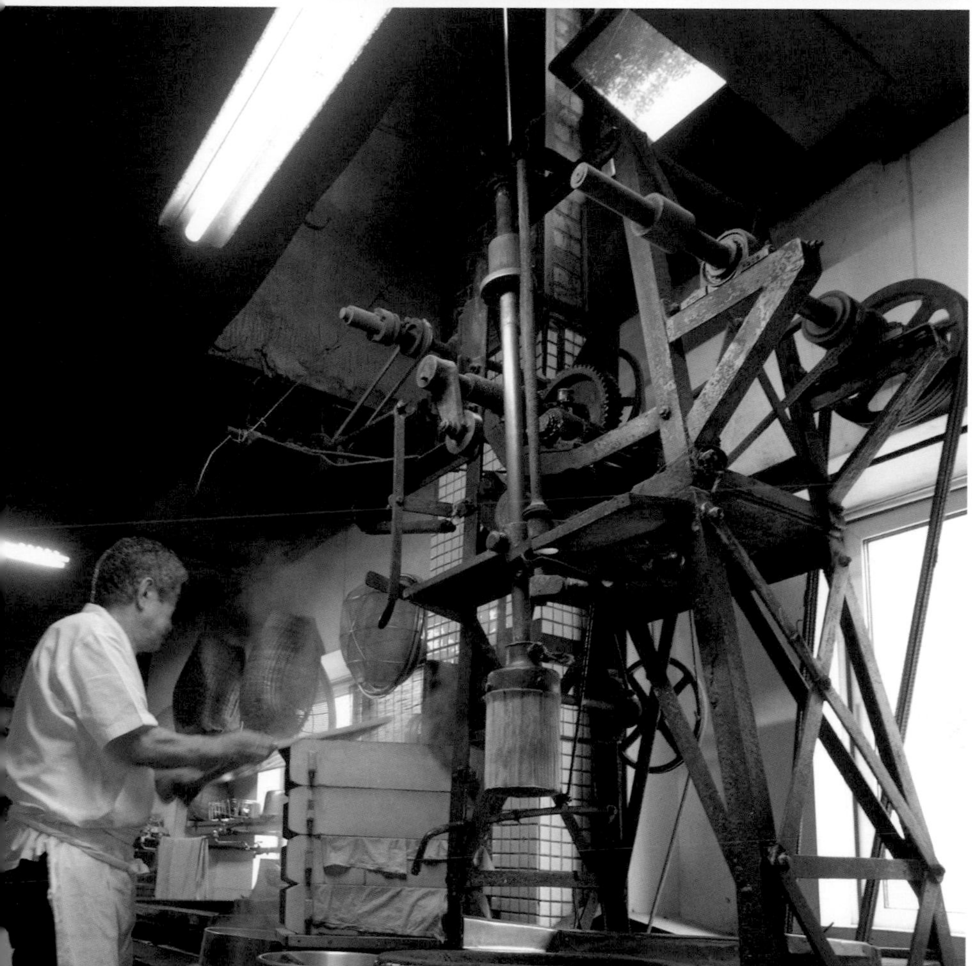

朝来る　せいろを開く　湯気が沸く　もち米香る　小樽の港

破曉晨起時　掀舉起蒸籠屜蓋　沸湯蒸氣騰　糯米香芬芳四溢　北國小樽港灣邊

札幌農學校第二農場　穀倉

札幌農学校第 2 農場　穀物庫

◉北海道札幌市

位於北海道札幌市的北海道大學校園內，明治 9 年（1876 年）建成的穀倉。根據克拉克博士（William Smith Clark，札幌農學校首任校長）所提倡的大農經營構想，儲放做為乳牛濃縮飼料的玉米的倉庫，參考美國麻州地區的穀倉建造。將玉米從二樓地面投入一樓外牆與內壁間儲放，牆面分別以縱向與橫向排列的木棧條構成，可在保持自然通風的狀況下儲藏，防止穀料腐敗。內壁木棧每數塊編成一棧板，向上推即可取下，只要拿掉內側橫棧板，就可取出玉米。

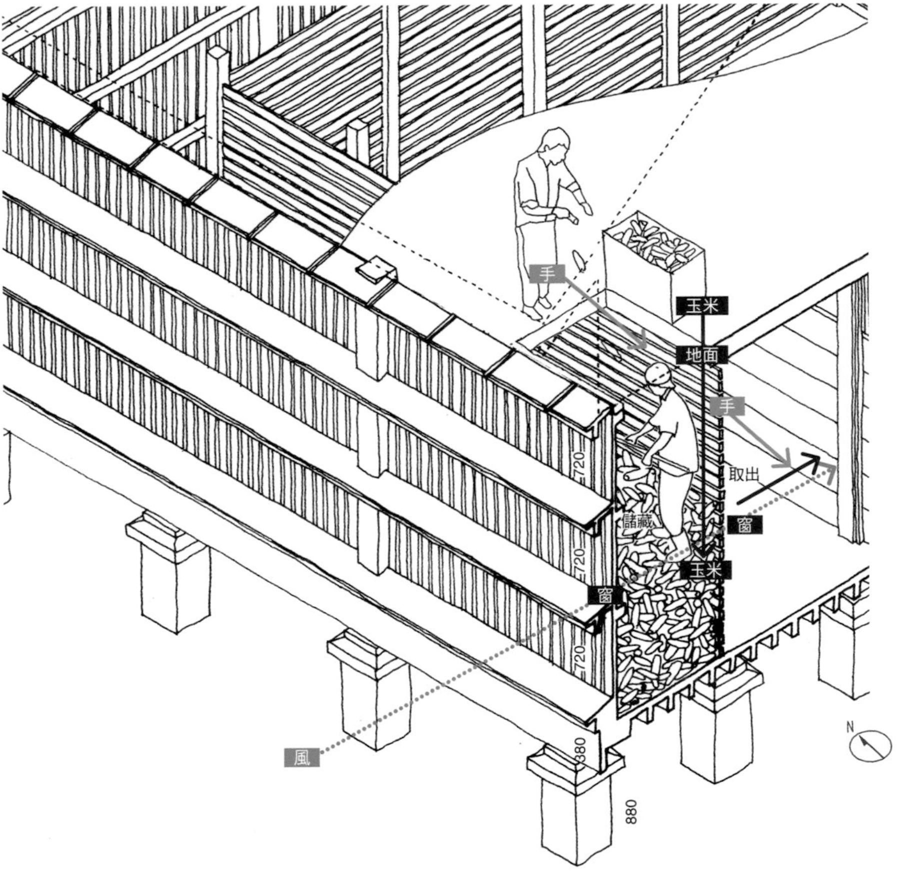

北の風　とうきびの壁を　吹き抜けよ

北方風吹來　貫穿透玉米穀倉　横縱木棧牆

利用水的物態變化的食品加工用窗

文　信川侑輝

穿過京都市中京區御池通朝北前進，不遠處可看到一棟典型京町屋風格的建物，有著格子窗、蟲籠窗、收闔式長板凳（ばったり床几）和暖簾。這是腐皮老店「湯波半」，它甚至曾出現在川端康成的小說《古都》中。這間店歷史悠久，創立於江戶後期的1716年。自日本中世起，京都市內就因地下水資源豐富且水質良好，盛行食品製造業，湯波半所在的麴屋町一帶也因湧現豐沛地下水，吸引大量用水的製麴廠家聚集。其他如釀酒商、豆腐店、料亭等，這些店家有不少至今仍持續使用汲取自井中的地下水，京都的飲食文化就這樣由水資源支撐。

腐皮店家一大早便展開作業。我們在清晨五點前往拜訪時，師傅們早已在作業場中忙進忙出，室內水氣瀰漫。等他們忙到一個段落，我們趨前詢問腐皮如何製作，因而了解到，在製作過程中，物理性質會伴隨著溫度改變的水不可或缺。首先，將乾黃豆浸泡水中整夜，讓豆內蘊含水分。再將浸泡後的黃豆以臼研磨成泥，加入地下水後在大鍋中烹煮，讓黃豆的成分溶入水中。再經擠壓後留下豆渣，單獨取出的液體即是豆漿。接著在大鍋中加熱豆漿，此時黃豆內含的蛋白質會因受熱在表面凝固成

薄膜。以竹籤撈起薄膜懸掛稍微風乾，腐皮就完成了。原以為是要讓水滲透進黃豆之中，但後來又加熱讓黃豆溶於水中，最後再次加熱使水分蒸發，黃豆凝固成薄膜狀。製作腐皮時利用水的物態變化，從固體、液體到氣體，師傅以熟練的手法調整水量和加熱方式，引導水產生改變。舉例來說，販售品項的「生腐皮」（さしみ湯波）或「撈腐皮」（つまみ上げゆば）等的差異，取決於加熱溫度、撈起腐皮時機的微妙差距。另外，不能忘記格子窗、天窗等充分發揮功用的窗。黃豆與水的物態變化下的副產物，也就是水氣，藉由窗戶排向室外，室內因而不會滿溢水氣而能持續製作腐皮。

製作腐皮時，原料的黃豆與京都的水、引導水相物態的溫度和師傅，還有格子窗和天窗等，種種事物彼此相關聯，藉由製作腐皮的過程，將地下水的地理特性、歷史演進所累積的人們的智慧和技巧，透過包含窗等被營造出的物理環境而組織在一起。也就是說，自然環境、自然現象與人造物相互融合，進而創造出腐皮，甚至能夠在其中感受到飲食文化所擁有的美感。一邊反芻這些事物，殘留著精萃黃豆香氣的腐皮，再度在我口中融化了。

買賣之窗

第三章

京都或江戶的驛站城鎮，沿街建築的町家，在面向道路側設有稱為「店」的買賣用空間。時至今日，仍有店舖沿用當時的支摘窗、格子窗、收闔式長板凳。昭和時代，建於下町的商店，將買賣櫃台、展示櫃、烹調工作台結合窗戶。本章介紹買賣之窗，這些窗藉由在窗邊工作的人們的姿態、陳列的各種物品，帶給街巷生氣與熱鬧氛圍。

竹苞書樓

竹苞書楼

◉京都府京都市

位於京都府寺町通的舊書店。道路側的開口部上方是可朝屋簷內側拉起的支摘窗，下方是收闔式長板凳，以雙向橫拉玻璃門窗分隔內外。營業時，長板凳上面堆滿了各式舊書，顯得熱鬧異常，但每到關店時分，收拾起來似乎就很辛苦了。

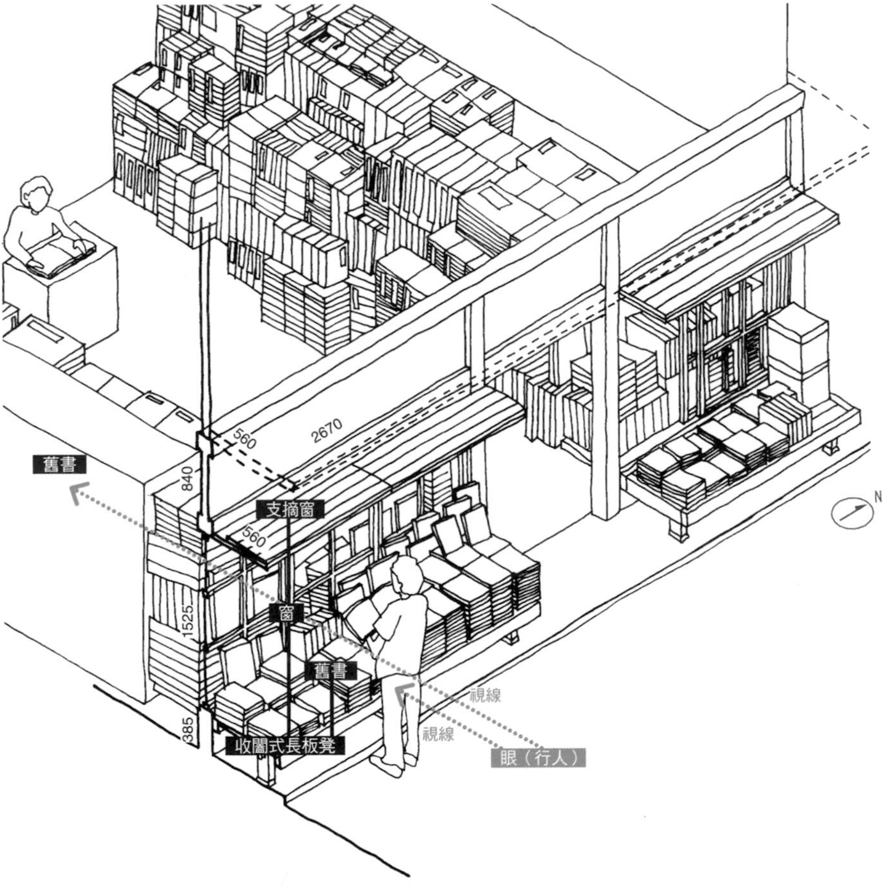

蔀(しとみ)あげ　床几(しょうぎ)ばったん　音たてて　まなこ開くは　古書店の朝

拉起支摘窗　店前長板凳一放　啪嗒一聲兒　忽地就睜眼開張　舊書店家的早晨

[收闔式長板凳細部圖]

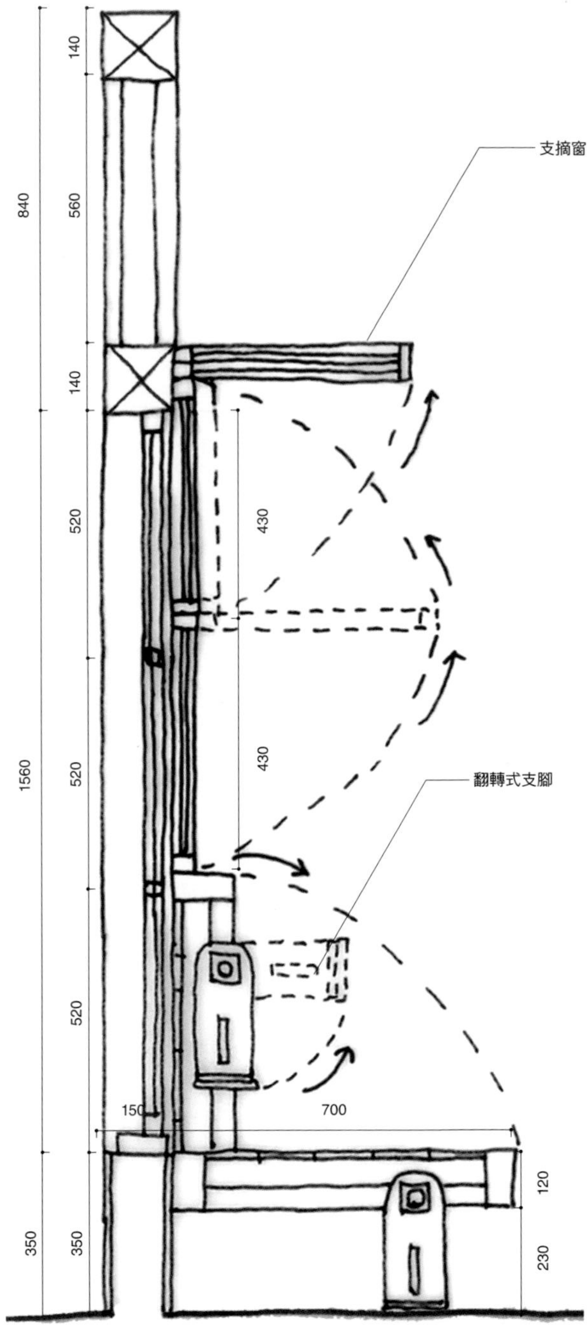

支摘窗
翻轉式支腳
140
560
840
140
520
430
520
430
1560
520
150
700
350
350
120
230

上／營業時的情景
下／打烊時的情景。先在店內整理書本。收闔起長板凳，再以鎖頭上鎖

澤村船具店

澤村船具店

◉廣島縣福山市

位於廣島縣鞆之浦，建物有三百年歷史的船具行。門窗和格柵都塗成氧化鐵紅色（弁柄色）。店面開口的下半部是格柵狀欄杆及「慳貪」式可拆板門，上半部是可朝室內側撐拉起的支摘窗，板門各以附屬在門上的門閂固定於柱上。〔譯注：慳貪是上下或左右設有溝槽，在其中卡上門板的形式〕店主每天早上開店時，先將插在門扇兩側的門閂從柱中拉出並移往中央，再上推板門拆下，最後以店內垂掛的五金零件勾住支摘窗。

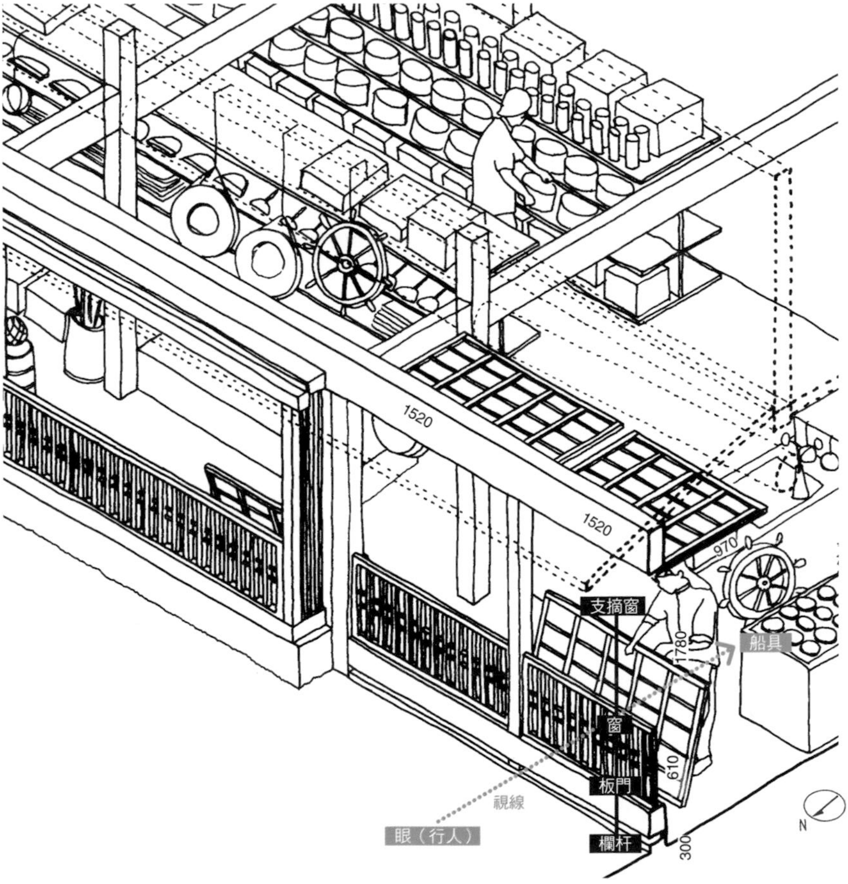

ベンガラの　板戸(いたど)外して　蔀(しとみ)上げ　格子(こうし)残るは　船具屋の店

拆下店門前　氧化鐵紅色板門　撐拉支摘窗　一整排格子欄杆　才知是船具店行

小西萬金丹

小西萬金丹

◉三重縣伊勢市

位於三重縣伊勢市，延寶 4 年（1676 年）創立的藥房。販售藥品「小西萬金丹」，江戶時代以來，三百年間，這一直是前往伊勢神宮參拜的旅人所熟知的「伊勢靈藥」。患者坐在鋪有榻榻米、略高於地面的簡易隔間裡，由店家詢問其身體狀況。道路側的開口部以上下推拉方式開關，町家大門（大戶）上設有兩道開口，一是出入口，一是只供露臉的小窗，用來應對營業時間外的來客。

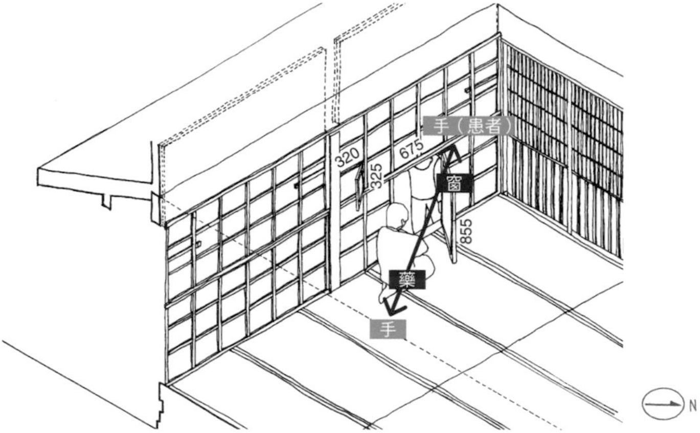

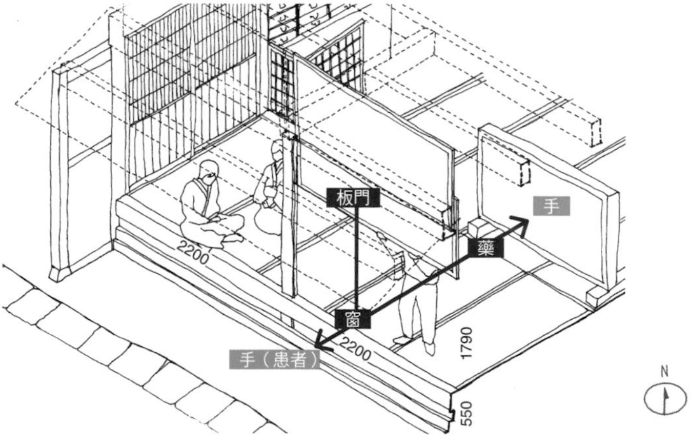

大きな戸　閉じても開く　小さな戸

巨大板門扉　掩起門來仍推開　其中小窗扇

大門上開設的小窗

上／營業時的外觀
下／大門關閉時的樣子

Ebisu 屋

ゑびす屋

◉新潟縣村上市

位於新潟縣村上市，販售手工木工製品和竹製品的商店。道路側的開口部上方是可朝屋簷內側拉起的支摘窗，下方是收闔式長板凳，白天敞開門戶，商品從支摘窗懸吊而下或陳列在收闔式長板凳上。打烊時，將商品收入店內，放下自橫梁吊起的支摘窗，收闔起長板凳由內側以金屬零件固定。

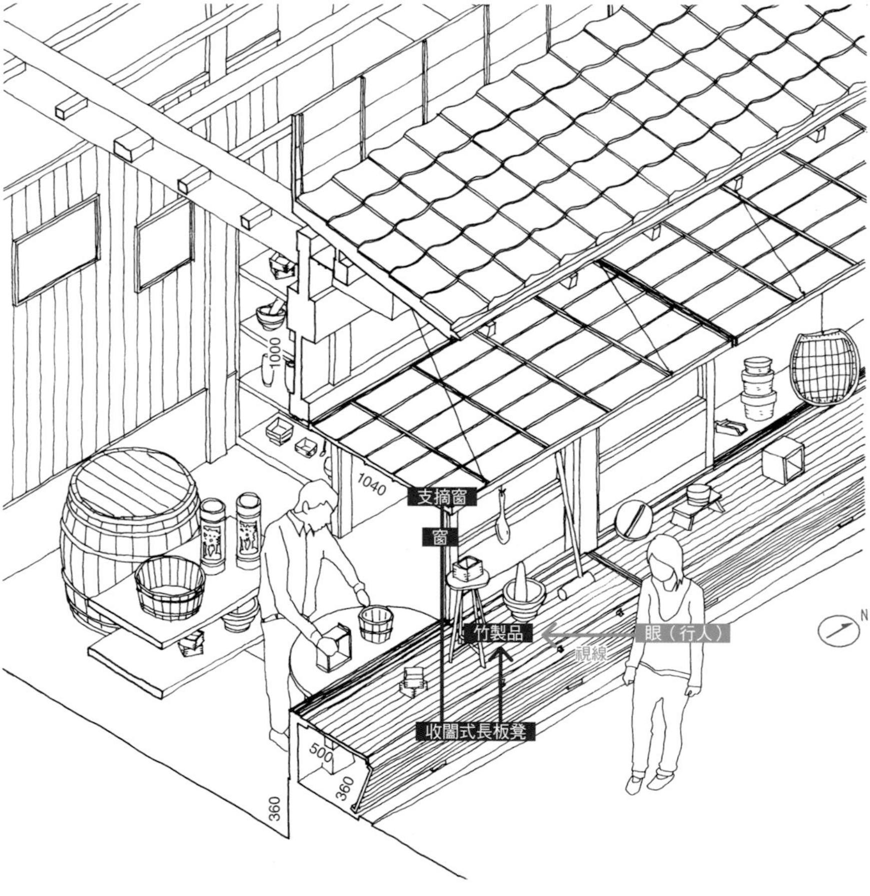

蔀(しとみ)あげ　床几(しょうぎ)倒して　竹屋(たけや)の目覚め

拉起支摘窗　傾放長板凳喚醒　竹屋一日計

武工房

武工房

◉愛媛縣喜多郡內子町

位於愛媛縣內子町，建物約一百四十年歷史的竹細工作坊。為了敞開面寬狹小的空間，將遮雨板設成可收入屋簷內側的支摘窗形式。白天將窗向上拉起，再拉開嵌有細棧條的雙向橫拉玻璃門，就能跟坐在店門口長板凳上的來客交談。為了開心談天說地，即使冬天好像也開著門喔。

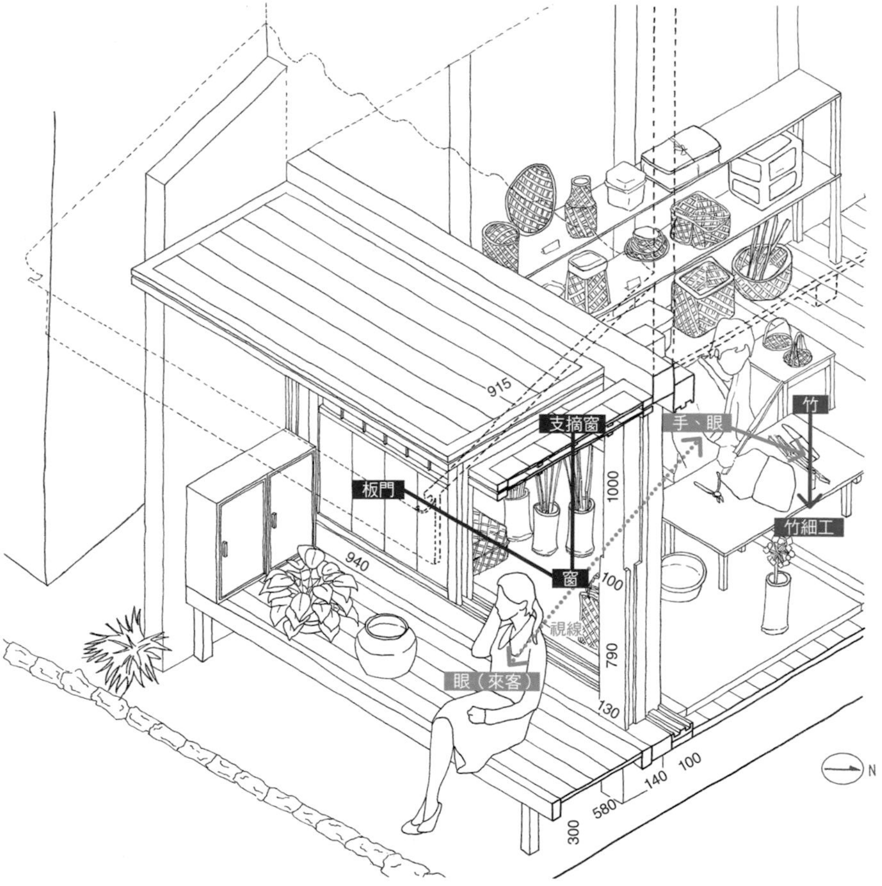

蔀戸を　開けて話せば　声弾み　床几に腰掛け　竹を語らう

拉起支摘窗　店主與來客便可　話七嘴八舌　長板凳同席就坐　侃侃而談竹工藝

久保田美簾堂

久保田美簾堂

◉京都府京都市

位於京都市下京區，明治 16 年（1883 年）創立的老店，專營竹簾和竹藝品的作坊。道路側設有鑲嵌大片玻璃的展示櫥窗，深約半間（約 0.9 公尺），就像鋪有榻榻米的小房間般陳列著商品。櫥窗上緣掛著與竹簾店家氣氛相襯的捲簾，等到打烊時便垂下捲簾。

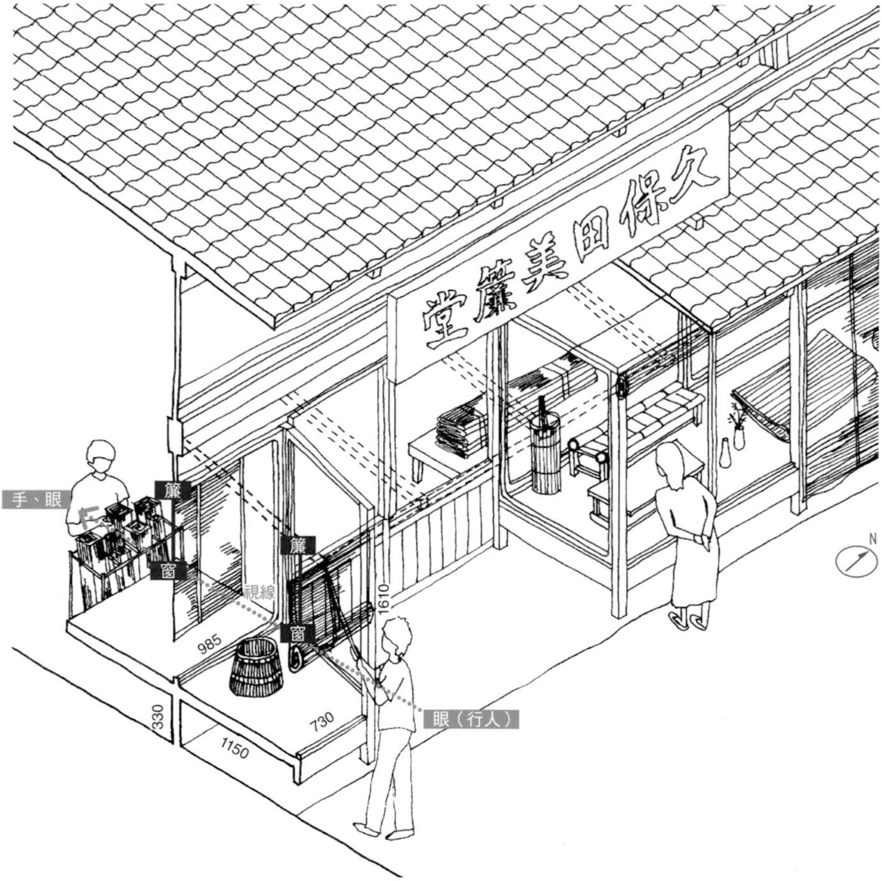

簾

簾屋(すだれや)の　簾上がって　簾見る

簾幔專賣店　拉提起竹編捲簾　後方仍見簾

肉舖 Murayama

肉のムラヤマ

◉東京都墨田區

位於東京都曳舟的肉舖。店舖上方設有與面寬等寬的招牌和遮簷，遮簷之下是捲門箱。窗的上半部採固定窗形式，密密麻麻貼滿價目條，中段是用來遮交商品的雙向橫拉窗，下段設置了肉品的冷藏展示櫃。

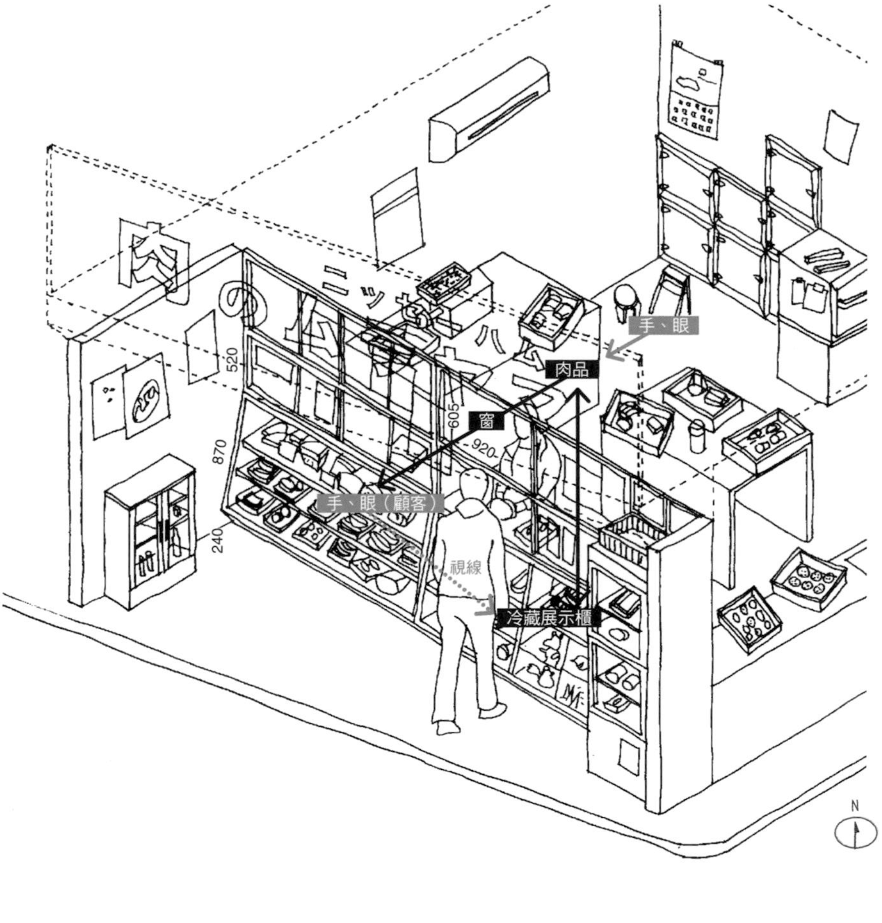

隙間なく　値段とレシピ　貼られたる　献立決まる　肉の窓かな

不留一絲縫　價目條料理食譜　黏貼窗面上　今日餐桌上佳肴　取決於肉舖窗口

稻毛屋

稻毛屋

◉東京都墨田區

位於曳舟的鰻魚專賣店。店舖正面下半部是陳列鰻魚或烤雞串的冷藏展示櫃，其上是販售窗口，再更上方則貼著寫有商品價格的紅色紙條。展示櫃旁掛著印有「うなぎ」（鰻）字樣的暖簾。為了避免食物西曬，夏天傍晚時分會拉開遮陽棚，連人行道一併覆蓋。

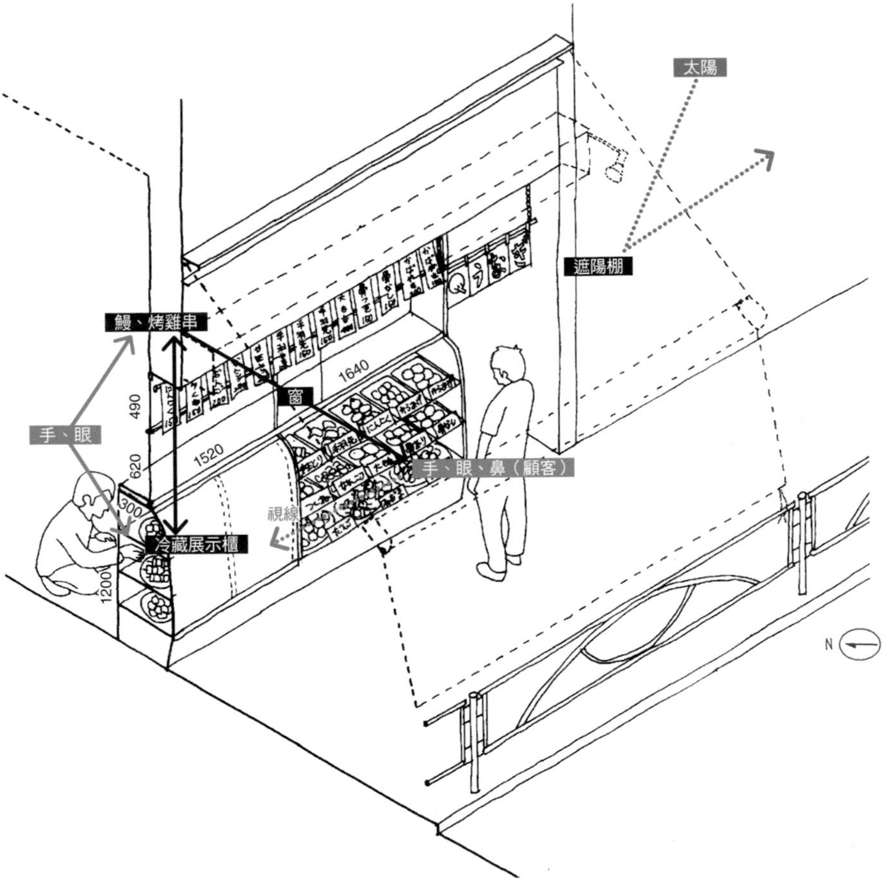

店先の　歩道取り込む　オーニング　夕刻知らせる　鳥焼く香り

撐開遮陽棚　連店門前人行道　一起覆蓋住　日暮西沉怎知道　聞烤雞串炭火香

展開遮陽棚時的樣子
道路彷彿變成店舖的一部分

地鶏卵
350円
鳥そぼろ
300円
にんにく串

鳥そぼろ
300円
ひなかわ
すなぎも
やきとり
なんこつ
肉だんご
あみ焼
ももやき
つくね串
ねぎま串
レバー串

冷藏展示櫃

Masuda

ますだ

◉東京都墨田區

位於東京都曳舟向島橘銀座商店街（キラキラ橘商店街）的鰻魚專賣店。烤爐面向道路，其旁是店入口和販賣佃煮的區域。〔譯注：佃煮是東京佃島地區的漁民將小魚、貝類、海菜等以砂糖和醬油熬煮後製成，帶鹹甜口味、易於保存的傳統食物〕烤爐前設有收放式長台面，上方掛有天棚，連接換氣扇的排煙管穿過天棚向上延伸。調理蒲燒鰻要先不加醬直接燒烤，再蒸煮讓魚皮柔軟並去除油分，最後才沾浸醬汁烘烤。烤鰻魚時產生的臭味和煙沿換氣扇向上排出。從前在烤爐與長台面之間設有玻璃窗，現已拆除，後方連接廚房的拉門緊閉。

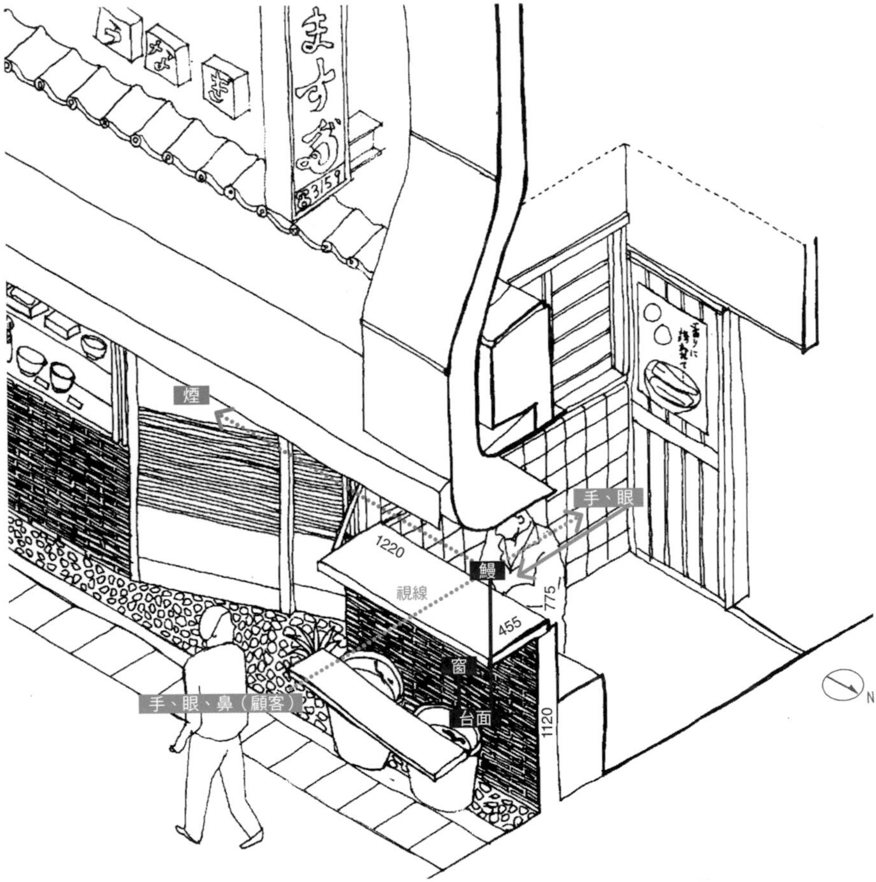

路地(ろじ)に向け　うなぎ焼く窓　開け放ち

面前臨巷弄　烘烤蒲燒鰻之窗　敞開不掩起

中野屋

中野屋

◉東京都荒川區

位於谷中，1923 年創立的佃煮專賣店。佃煮在店舖內側製作，於店門口秤重分裝販售。櫃台兩側設有木製展示櫥窗，商品陳列其中，從走道就能品評。櫥窗底部的牆面貼有白色磁磚並以綠色磁磚鑲邊，看起來既乾淨又可愛。

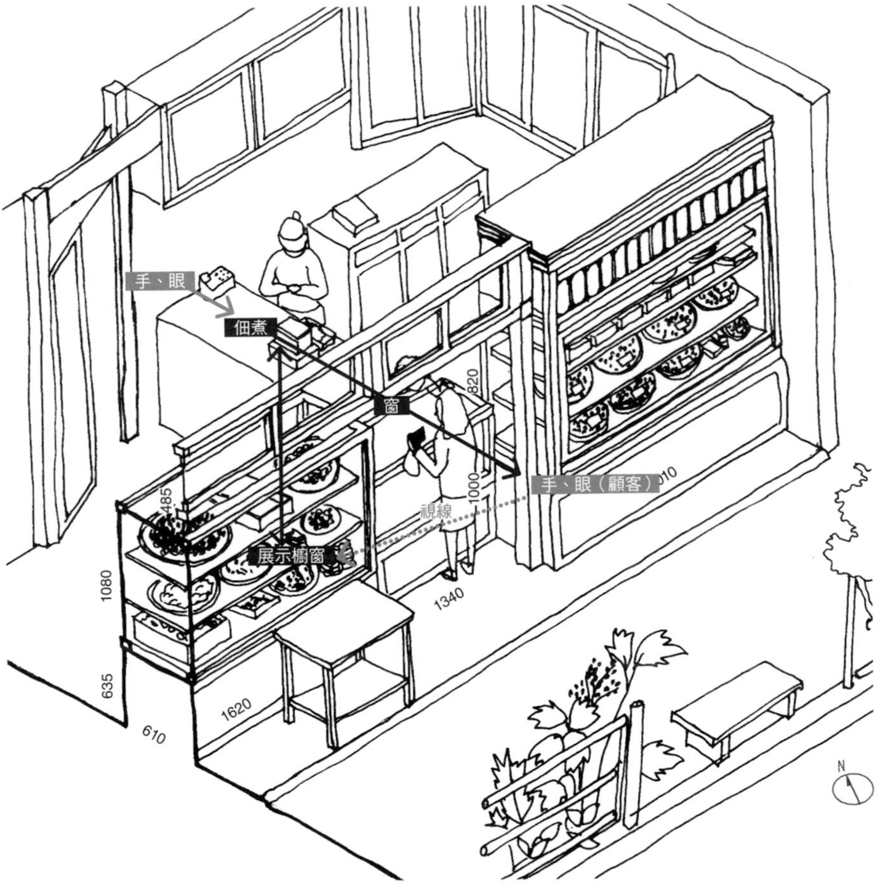

ショーケース　光り輝く　宝石を　近づき見ると　まさかの佃煮(つくだに)

店門展示櫃　熠熠生光亮閃閃　珠玉寶石物　挨近定睛一細看　竟是鹹甜味佃煮

三葉商店

三葉商店

◉東京都目黑區

位於東京都綠丘車站前的配菜專賣店。面向道路側的店舖正面下半部是陳列著配菜的展示櫃，其上是設置為雙向橫拉鋁窗的販售窗口，頂部則有帆布棚。每當午餐時段，就可看到附近大學的學生在店門前排隊的景象。

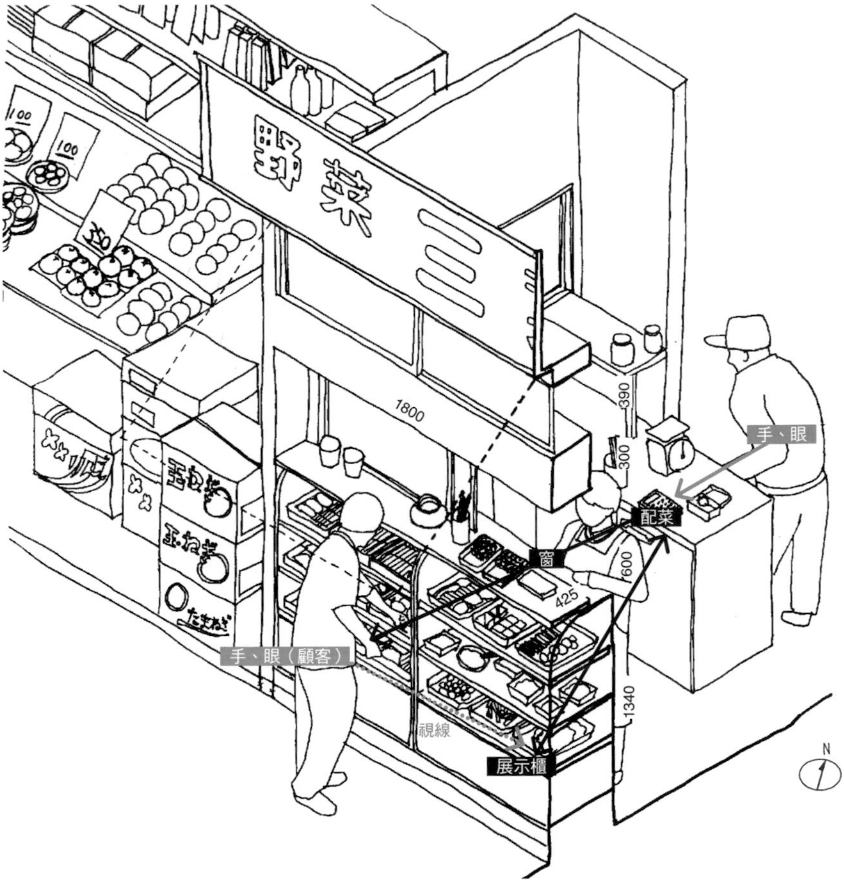

お昼どき　窓から出づる　活力源　揚げ物、煮物、　おばちゃんの笑顔

臨正午時分　從窗口傾瀉而出　生命力泉源　油炸物與燉煮食　搭配老奶奶燦笑

北海道開拓村　原島歌郵局

北海道開拓の村　旧島歌郵便局

◉北海道札幌市

位於北海道開拓村，昭和60年（1985年）依原樣重建的木造兩層樓郵局。重建為昭和35年（1960年）的郵局樣貌。北海道在明治5年（1872年）開始實行近代郵政制度。這棟建物只提供郵政機能，局長和職員宿舍另外設置。櫃台上設有小窗格玻璃窗，最下層的玻璃可推開，以便遞取郵件。此外，為了避免來客淋濕，櫃台上方搭蓋了飾有封簷板的雨庇。

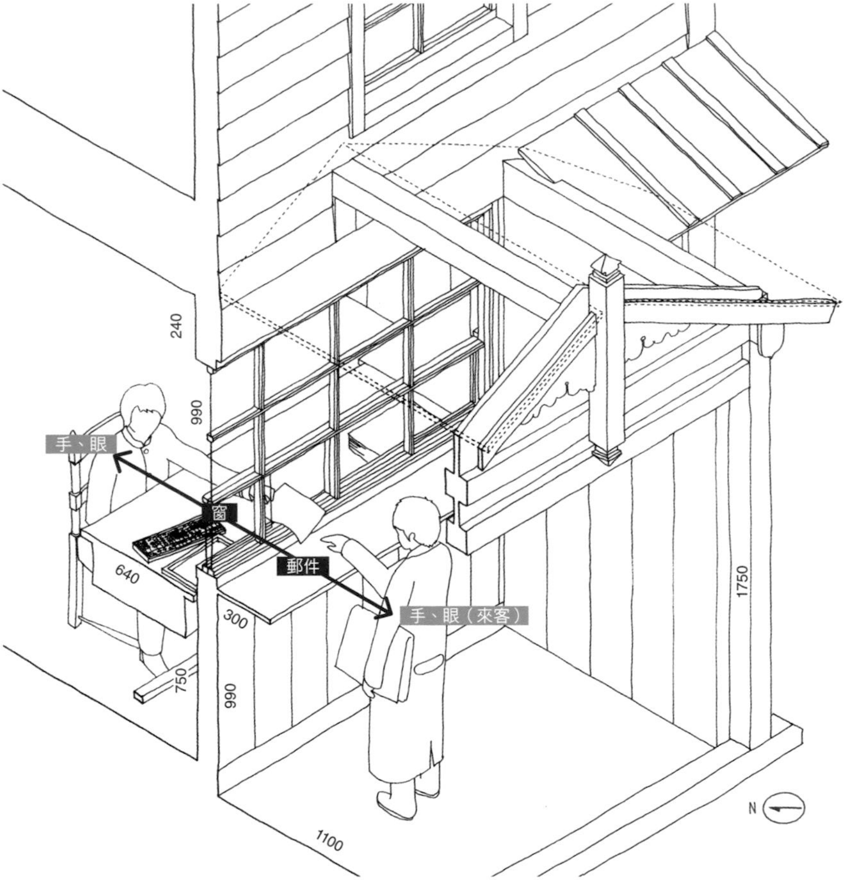

寒見舞　託すその手の　あたたかさ

小寒立春時　噓寒問暖寄一紙　人情暖和和

經許可拍攝

映照出人物周邊風景的窗

文　林咲良

大井町線綠丘車站前的果菜店，重新裝修正面的一角，擺進玻璃展示櫃，設成配菜專賣區。一到中午，除了東京工業大學的學生之外，附近居民或在那一帶工地工作的小哥都會前來購買配菜。綠白相間的條紋帆布棚遮擋了直射展示櫃的日光，有時排隊的人潮甚至滿出遮棚之外。展示櫃裡是可樂餅或炸雞塊等油炸食品，還有燉菜、燙拌菠菜、羊栖菜等家庭常備菜；時而擺上煮玉米、燉鰤魚等時令菜色。手寫的價目條隨處可見醬汁痕跡。展示櫃上方，左邊是泡麵或罐頭，右邊是常客從世界各地帶回來的讓人不明所以的紀念品。只要傾身向前端詳，老奶奶就會從櫃台上的拉窗口探看。「歡迎光臨！」的招呼聲、油炸劈啪聲，還有菜肴香。可以隨心所欲點選想要的菜色，只買需要的分量，店家忙著秤重分裝時，交雜著「今天真熱啊」之類的對話。有時會碰上白飯還沒煮好，被告知「請等個五分鐘唷」，乾等著的情形。或是店舖臨時休息，正擔心是不是發生什麼事時，發現鐵捲門上貼了寫有「跟兒子去旅行」的紙條而鬆了一口氣。偶爾在晚上回家途中，會一邊想像著老奶奶正在

鐵捲門後忙著為明天備料。之所以這麼想，是因為設置玻璃展示櫃的店門前，總是映照著老奶奶辛勤工作的身影。東京工業大學的學生對這家配菜店有著特殊的親近感，總稱呼三葉商店的店東「老奶奶」。

把肉品、配菜、蛋糕等放入展示櫃式冷藏櫃販賣的形式始於 1950 年代，伴隨商用冷藏櫃的普及而盛行。原本商店街裡的小店就是以面對面的方式銷售商品，在店舖加裝展示櫃，一體化連接不設外框的橫拉玻璃窗，占據了店面的大部分面積。商品擺放範圍擴及店面整個正面寬，透過上方窗口與店員互動，這類形式正可說是「做工的窗」，不單是買賣商品，時而提點烹調訣竅，或是互相熱中於閒話家常。雖然這類商店隨著大型店舖的增加而日漸凋零，但在日本各地，仍可見到這種透過窗戶充滿人情味的互動。這些商店之窗，日日與店家一起努力工作，不知不覺中就像是對城鎮宣揚著工作者的人品和性格。而無論是誰只要來買點東西，就能感受這樣的氛圍。各式各樣的做工之窗排列綿延，商店街的有趣之處正在於此。

第四章

越境之窗

祭典時可用來眺望街道上遊行的藝閣（山車）或舞蹈、為祭典而加以裝飾或改造的窗；從建於海邊的眺望台（望楼）確認船的航行、下貨或魚群狀況的窗；畜產設施中用以保持動物健康、聯繫人與動物的窗。本章介紹超越一般分類方式屬性界線、具有獨特形式的窗。

上京町的會所（大津祭）

上京町の会所（大津祭）

◉滋賀縣大津市

位於滋賀縣大津市的町集會所。10月舉辦的大津祭為湖國三大祭典之一。〔譯注：滋賀縣琵琶湖（湖國）畔的大津舉辦的三大祭典，包括山王祭、大津祭和船幸祭〕祭典進行時，稱為「月宮殿山」的藝閣（曳山）以棧橋連接到集會所二樓的窗戶。棧橋由二樓樓板下拉出，以立在道路上的臨時支柱支撐。為了連接棧橋，拆除部分的障子或欄杆，點亮屋簷下的燈籠，窗戶就變成了祭典的裝飾。

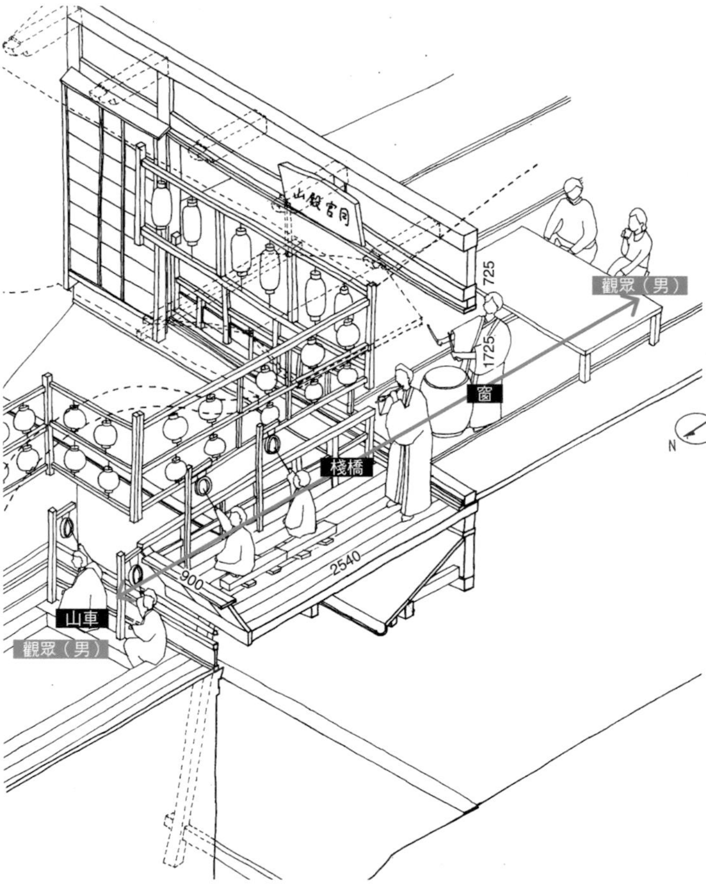

夕まぐれ　会所が延ばす　桟橋に　曳山ついて　お囃子響く

日暮西沉下　會所前延伸而出　臨時木棧橋　接搭祭典曳山車　囃子奏樂鬧聲響

上／在窗邊鳴奏囃子（祭典伴奏）的情景
下／收納式棧橋在祭典時拉出，以臨時支柱支撐

上／正式祭典（本祭）時，曳山在街區中繞行
下／連接曳山的町集會所共計十三處

西田禮三邸（日野祭）

西田礼三邸（日野祭）

◉滋賀縣蒲生郡日野町

位於滋賀縣日野町，原為商人宅邸。日野町在每年 5 月舉辦日野祭，山車繞行町內。本町通上的一棟棟宅邸，其外側圍牆上開有稱為「棧敷窗」的成排窗戶。這是過往領主或商人招待客人前來參觀祭典時，為了讓他們從宅邸觀賞山車繞行而設置的，平時會嵌上叫做「sasara 門」（ささら戸）的細格柵門扇，祭典時設置觀賞席（栈敷席），拆除格柵，垂掛紅色毛氈和捲簾。

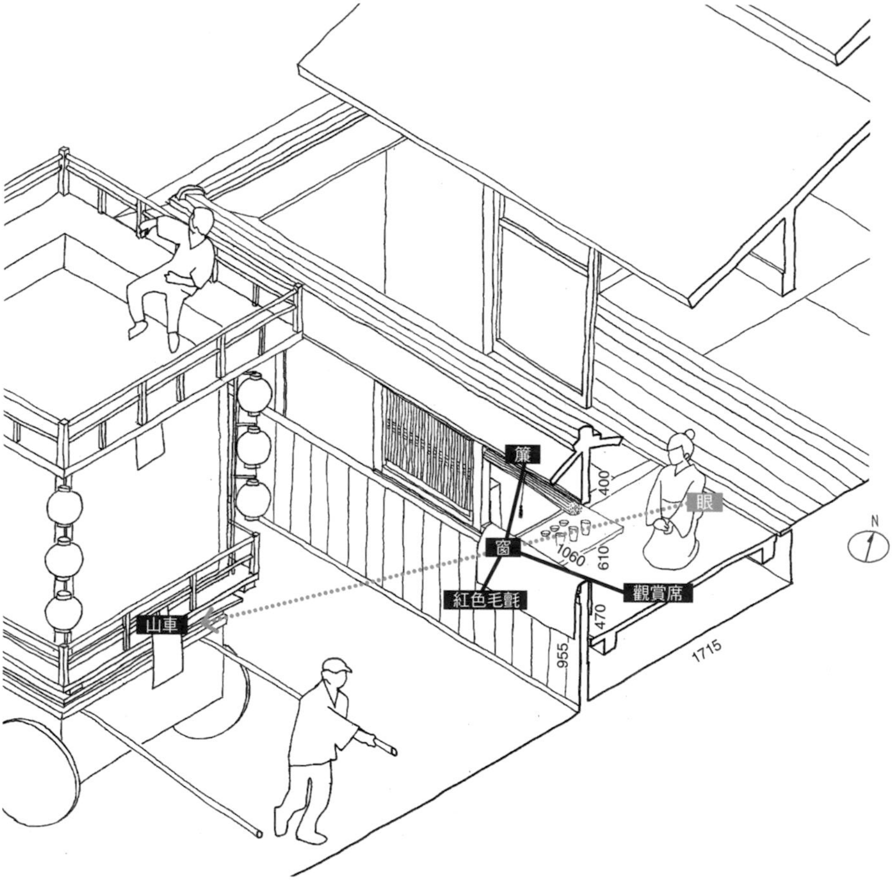

簾（すだれ）上げ　毛氈（もうせん）掛ければ　桟敷窓（さじきまど）

拉起竹捲簾　紅色毛氈垂窗前　桟敷貴賓席

上／非祭典的平常日，棧敷窗嵌入格柵關起
下／舉辦日野祭期間，移除格柵，以毛氈和捲簾裝飾

日野祭進行期間，面向本町通的各戶人家沿襲舊有形式設置棧敷窗來參加祭典，塑造出街景。有在木圍牆（上左）、灰漿圍牆（上右）上所開設的棧敷窗上方加設屋頂的，也有模仿圍牆上棧敷窗的窗（中左）。或可見在建商所建的獨棟住宅外，搭立供設置棧敷窗用的牆面（中右）。還有裝飾著紅色毛氈的落地窗（下左），或設有扶手、以捲簾和毛氈裝飾的窗（下右）

民宿　泉屋（Angama）

民宿　泉屋（アンガマ）

◉沖繩縣八重山郡竹富町

位於沖繩縣八重山郡竹富町的民宿。泉屋原本是西部落的集會所，後來轉做民宿。陰曆盂蘭盆節期間（陰曆 7 月中旬），沖繩會舉辦巡迴各戶人家跳著稱為「Angama」舞蹈的祭典。在 Angama 之夜，泉屋的玄關和神明廳前門戶大開，變身為祭典的舞台。室內演奏著三線或太鼓，庭院裡跳著舞，村民和觀光客從庭院的後方觀賞祭典。平日裝回雙向橫拉落地玻璃窗門，庭院散放著陽傘或座椅，恢復成民宿的模樣。

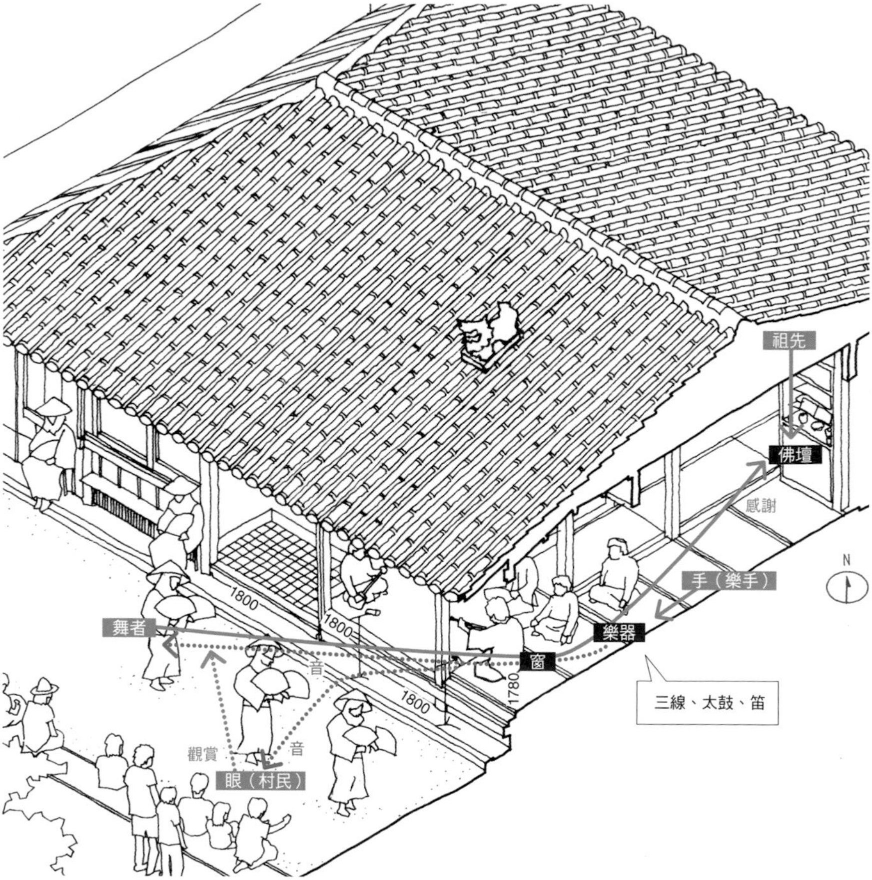

Angama

月の下　窓開け放ち　砂の上　裸足で踊る　あんがまの夜

落月滿庭中　只見窗門戶洞開　細砂土地上　赤足跳踏起舞蹈　安加瑪祭典之夜

多度大社（上馬神事）

多度大社（上げ馬神事）

◉三重縣桑名市

位於三重縣桑名市，多度大社院區內的資料館。在多度大社舉行的多度祭，有一項稱為「上馬神事」的儀式，代表各地區的馬沿著神社裡的陡坡向上奔跑，以登頂成功與否來占卜該地區的稻米收成狀況。這項重要儀式每年吸引十多萬名參拜者觀賞。舉行上馬神事期間，建於陡坡旁的資料館會拆下雙向橫拉木格子窗，成為觀賞席。

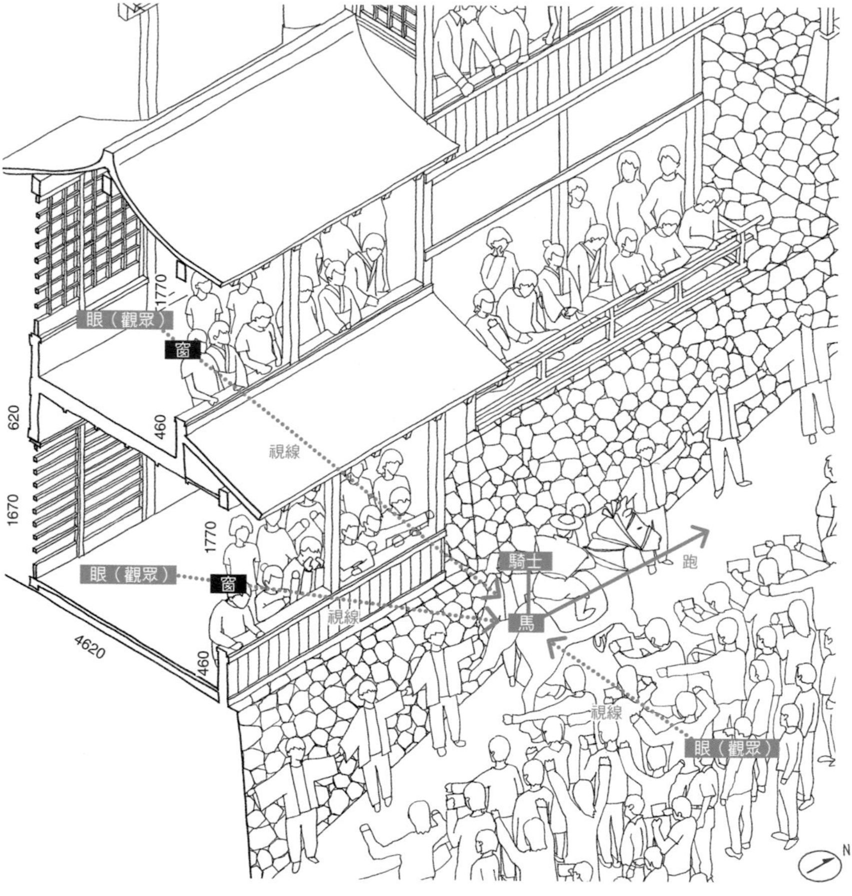

いけ、越えろ！　猛る祭馬を　駆り立てろ！　人々の声　窓に乗り出せ！

去吧、跑過牠！　鞭策著威猛祭馬　直奔上陡坡　場中聞人聲鼎沸　加油聲衝出窗吧！

配合坡道設置的階梯狀觀賞席

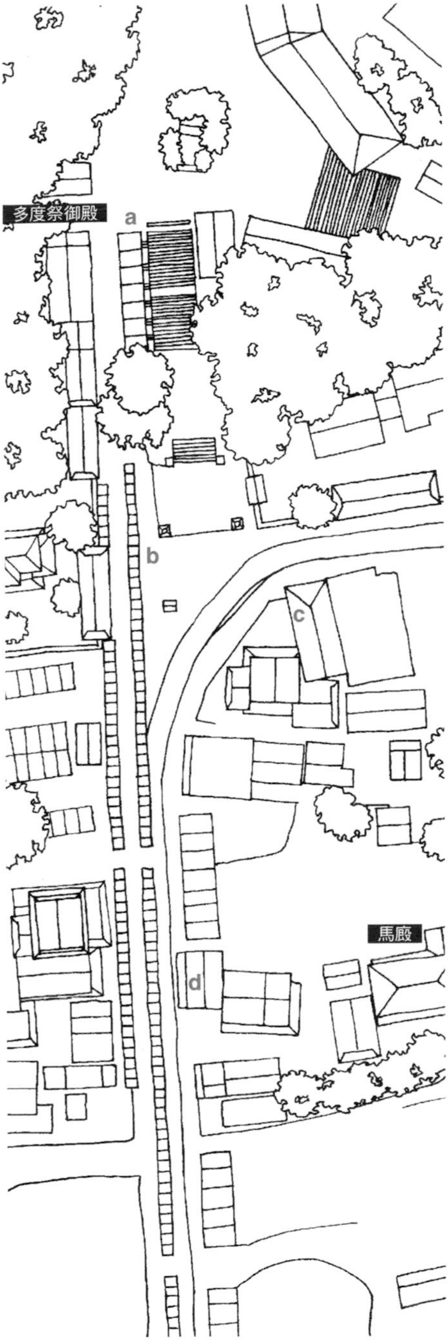

配置圖

a. 設置階梯狀的臨時觀賞席

b. 只在多度祭時臨時設置「御廚棧敷」

c. 附近的會席料理店二樓座位

d. 民宅二樓處的臨時座位區

北星學園大學．北海道大學弓道場

北星学園大学·北海道大学弓道場

◉北海道札幌市

北海道多座弓道場在面向箭靶側的門扇上開設「武者窗」，可以只打開這個窗口讓箭射出。設置武者窗的目的是防範酷寒和強烈北風，關上門扇，僅打開武者窗供射箭，冬天也能練習或比賽。北星學園的弓道場，每一扇木製拉門門扇上都設有內推下懸式武者窗，把門扇從軌道上移除，夏天便可全面敞開。此外，拉門高度分為兩種，方便高矮不同的射箭者。再者，考量即使被箭射中也不致破裂，窗面透明部分使用壓克力。

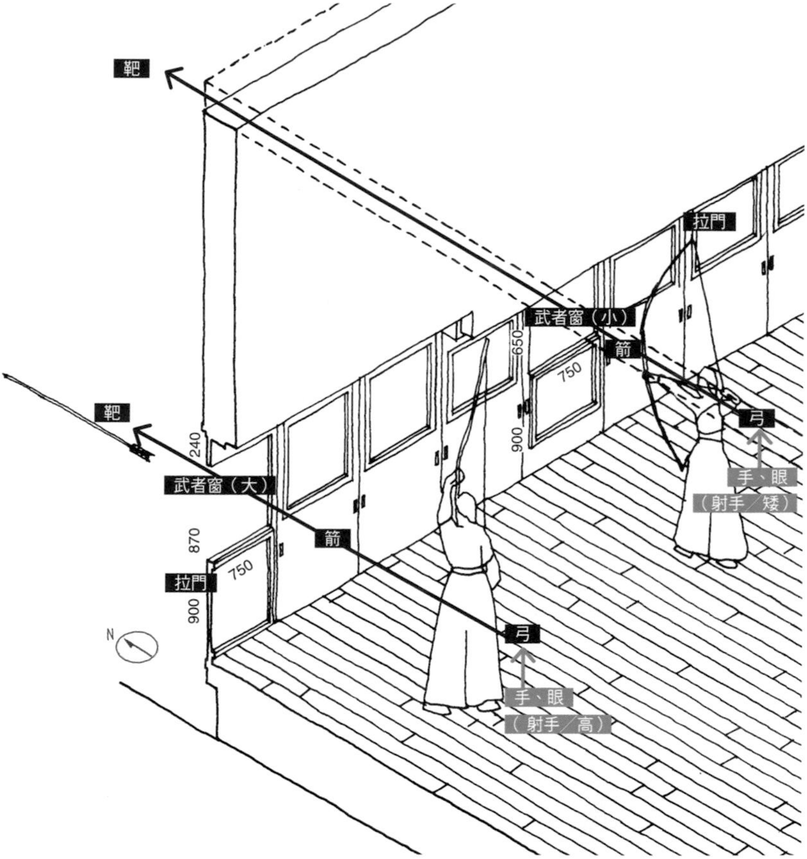

窓を射て　北風を射て　的を射て

拉弓射越窗　追劃過窗外北風　射進箭靶心

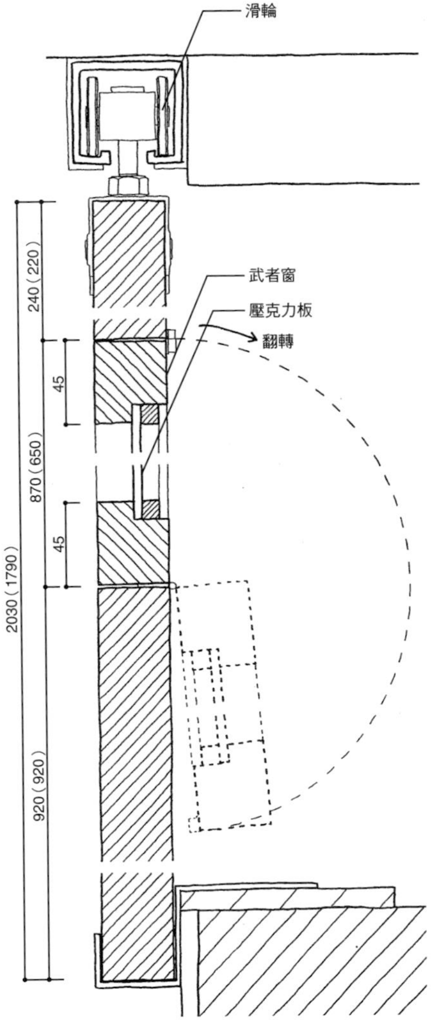

左／拉門斷面詳圖（括弧內為小型武者窗的尺寸）
右上／將拉門推至最末端　右下／讓拉門滑出軌道

上／拉下固定在武者窗上框的插銷
下／將武者窗向內倒放

位於北海道札幌市的北海道大學內， 2007 年建成的木造弓道場。為了冬季時擋風禦寒而設置的木製拉門，設計成可全數推入戶袋收納。射箭時，打開射手正對的內推下懸式武者窗。窗面為壓克力材質，考量即使被箭射中也不致破裂。窗寬 1850 毫米，因為開口較大，太寒冷時會在兩側貼上塑膠布，縮減開口面積。

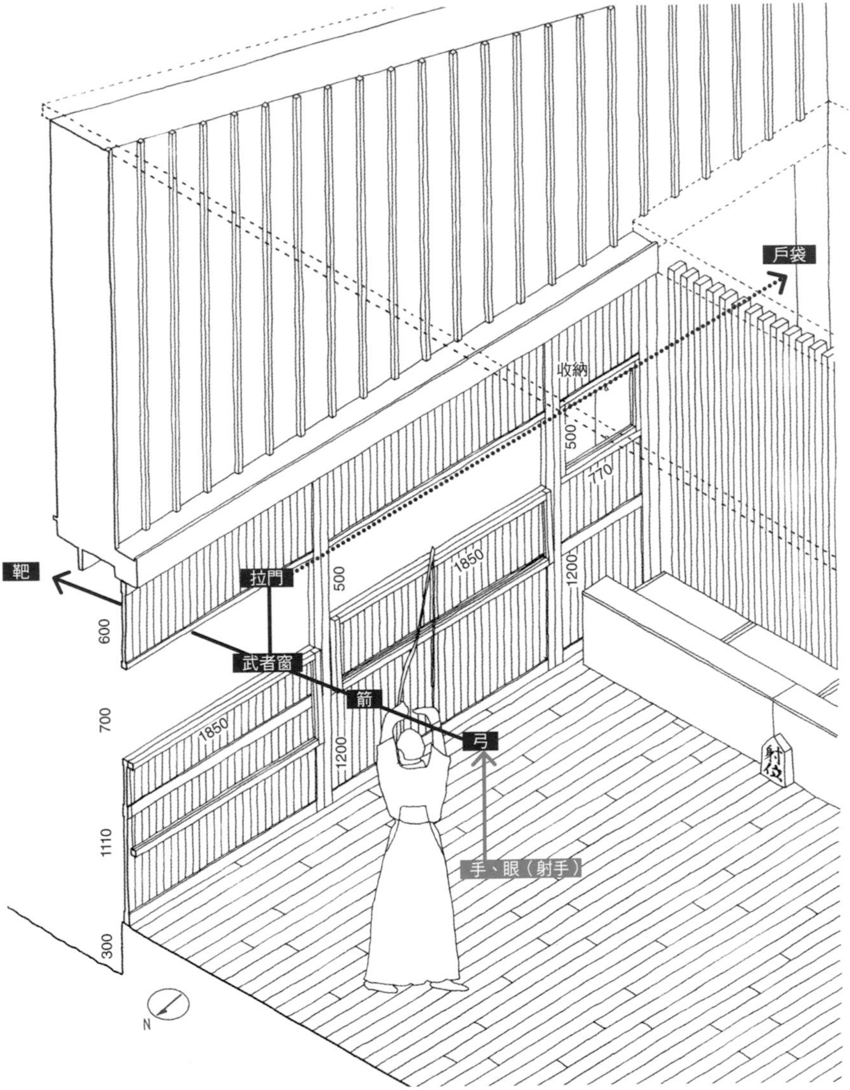

正射必中

八紘學園農業專門學校　牛舍

八紘学園農業専門学校　牛舎

◉北海道札幌市

位於北海道札幌市的八紘學園農業專門學校內，木造兩層樓的牛舍。牛舍一樓用來飼養乳牛和小牛，二樓是牧草倉庫。拉開設於二樓長邊側的鐵捲門，以牽引機將牧草卷送入舍內；二樓山牆側設有可向兩邊拉開的木門，用機器從這裡輸送牧草磚到室內。屋頂邊緣突出牆面，做為運送牧草的遮雨棚。需要更換鋪在牛隻腳下的牧草時，以尖銳的三齒叉戳散牧草卷或牧草磚，從二樓地面上的開口推落至一樓。牛隻不耐熱，打開一樓的鋁框橫拉單窗通風換氣，讓室溫維持低於 25℃。

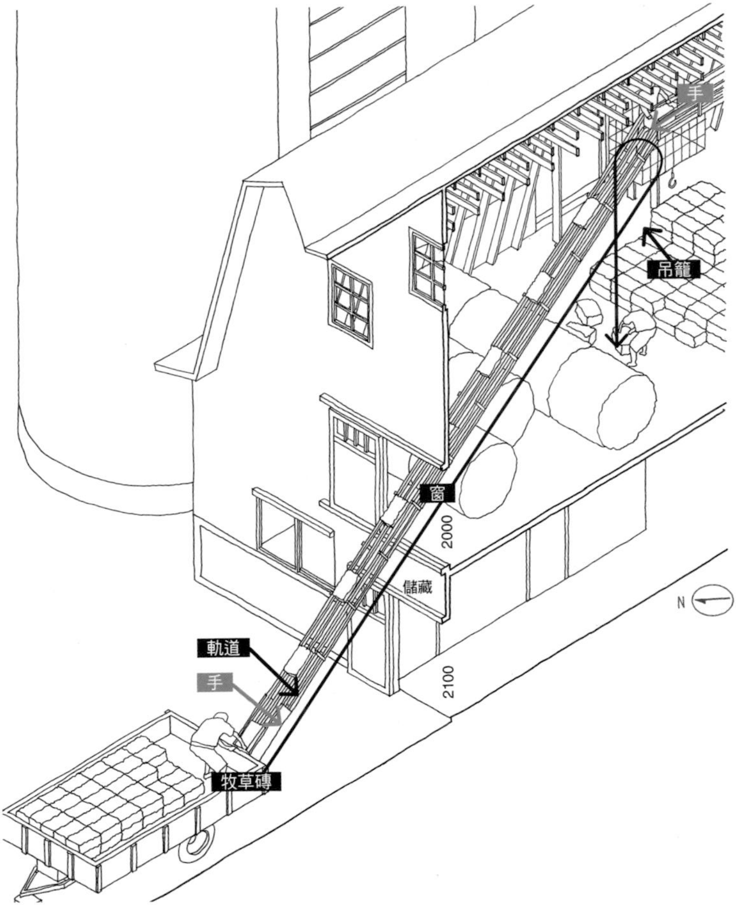

畜產

ゴンドラで　藁（わら）をむさぼり　食ら牛舎

牛舍裡吊籠　張大口耙入秸稈　狼吞虎嚥中

中島牧場

中島牧場

◉北海道江別市

位於北海道江別市，儲放牧草卷的倉庫。為了防止收成的牧草腐敗而降低品質，長邊側設有高 7 公尺、可左右移動的鐵捲門，上方是成排高 600 毫米的雙向橫拉玻璃鋁窗，用來改善通風。山牆側為分成上下兩段的雙向橫拉鋁窗，因設置位置較高，窗框與窗框間備有梯子，供人爬上爬下開關窗戶。

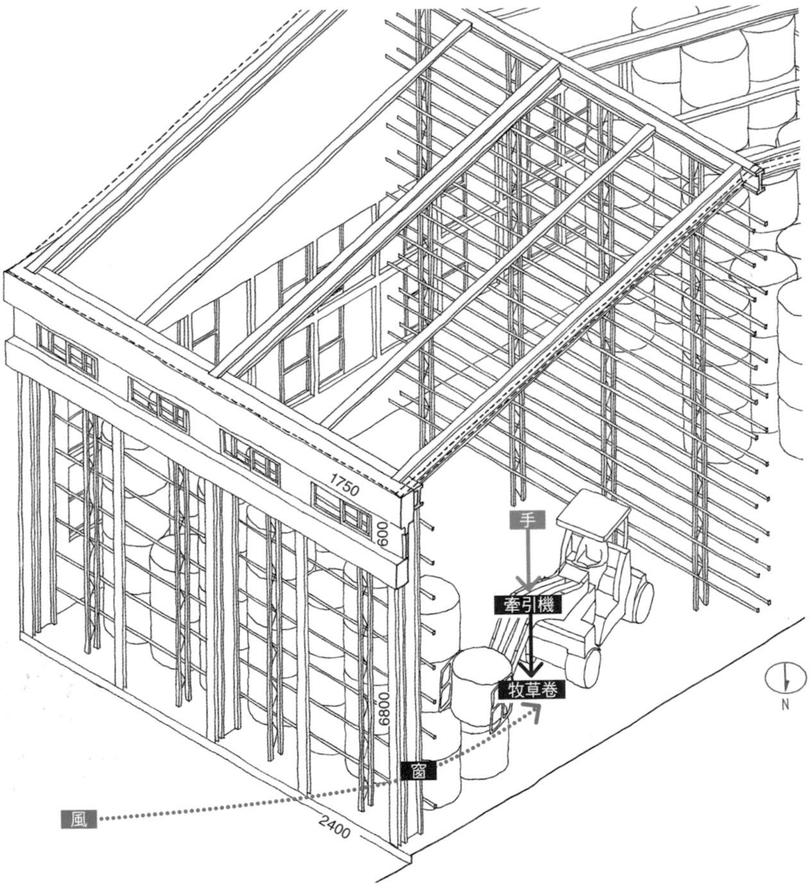

積み上げた　牧草ロール　見上げれば　鼻をくすぐる　香り立つ風

層層堆疊起　圓圓滾滾牧草卷　當仰頭上望　風撩起草香襲來　一陣馥郁搔鼻底

育馬場廄舍

ブリーダーズ・スタリオン・ステーション厩舎

◉北海道沙流郡日高町

位於北海道日高町，1988 年落成的種馬場 Breeders Stallion Station 馬廄。馬廄僅設單邊走廊，每一間馬房與走廊間開有鐵格柵窗，工作人員由此添入飼料乾草。馬廄外牆、馬房後方是分成上下兩扇的木板門，板門內側設有鐵柵欄，門楣處是外推下懸式鋁窗。木板門可讓室內保持通風順暢，以免鋪在底部的稻草造成馬蹄腐蹄，馬匹也能探出頭來。濕度高的夏季，會將上下兩扇木板門都打開，其他季節只開啟上半部。下雨或天冷時，夜間關上木板門，防止馬房內的熱氣散逸。

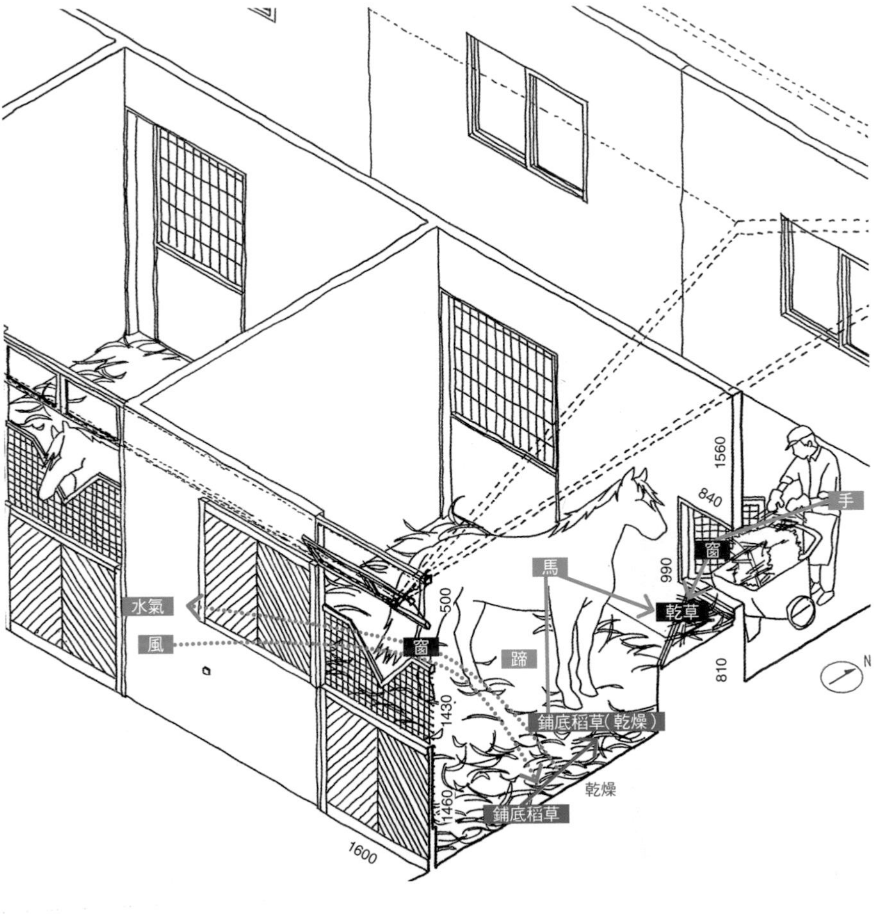

おはようと　窓を開けると　お馬さん　日高（ひだか）の風に　ゆれるたてがみ

大聲道早安　一拉開廄舍窗門　只見高駿馬　日正當中風迎來　頸項上鬃毛飄蕩

伏木北前船資料館

伏木北前船資料館

◉富山縣高岡市

位於富山縣高岡市伏木港，原為船運商（船問屋）。伏木港自古便頗富盛名，是日本海沿岸數一數二的漁港。眾多自擁貨運客運船、經營商品買賣的有力船運商，在 18 世紀急速成長，以北前船交易致富。〔譯注：北前船是江戶時代航行於日本海，往返北海道、東京、大阪等地的貨運船〕秋元一族是倚靠海運維生的地方名門。兩層樓的主屋之上設有眺望台，以監看北前船進出伏木港的情況。眺望台為兩張榻榻米大，三面設置了雙向橫拉障子窗，其外側是上撐式支摘窗和懸吊式板門，關上時可兼當遮雨板。從眺望台遠眺，視野開闊，連遠方海上的情景都一覽無遺。

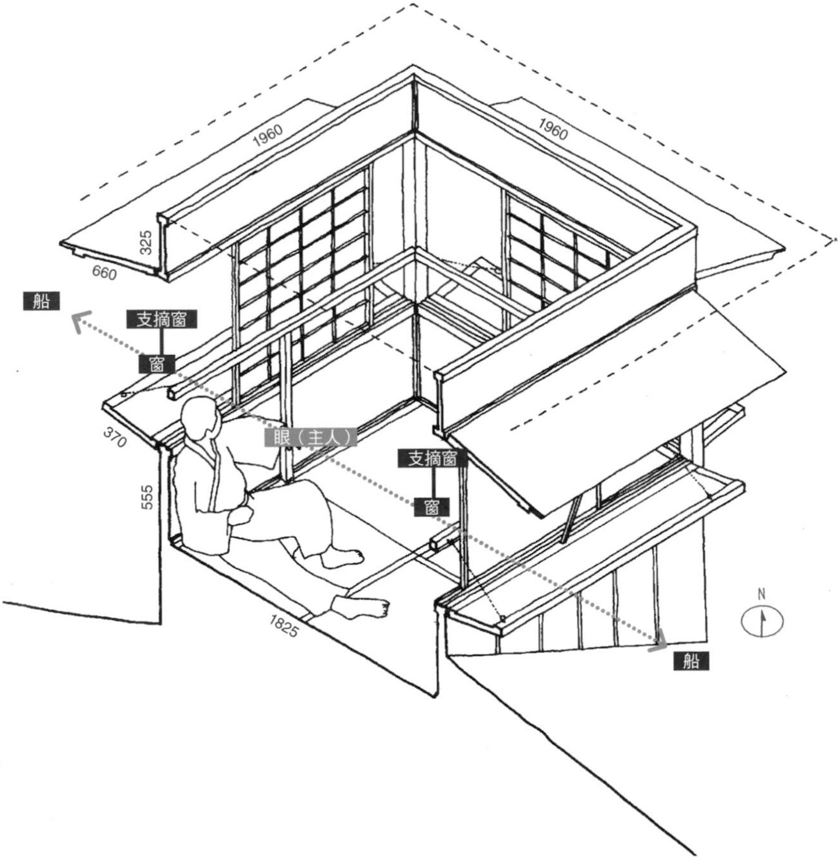

伏木港（ふしきこう）　窓を開いて　船を待つ　二畳の和室　パノラマの海

富山伏木港　推開望樓三面窗　等待船入港　兩張榻榻米和室　一覽海全景無遺

銀鱗莊

銀鱗荘

◉北海道小樽市

位於北海道小樽市，明治 33 年（1900 年）建成的鰊御殿。現為旅館。〔譯注：鰊為鯡魚，鰊御殿是明治至大正時代捕捉鯡魚致富的船主所建造的豪華宅邸兼漁夫作業和住宿設施〕建物原位在余市町，是以捕捉鯡魚為主業致富的豬俣安之丞的宅邸，昭和 13 年（1938 年）納入東小樽的建地開發計畫中，遷建至現址。許多大規模的鯡漁戶，漁船主的居所兼做漁夫的住宿設施，銀鱗莊卻非如此，主屋為豬俣家專用的住宅。廚房搭建在主屋中央屋頂上的眺望台之下，拉開雙向橫拉玻璃格子窗，可排出烹煮時產生的炊煙。眺望台約三張榻榻米大，從這個小房間的窗口可眺望整個海面，每當觀察到近海因鯡魚群出現而變得閃閃發亮，隨即出發去捕魚。

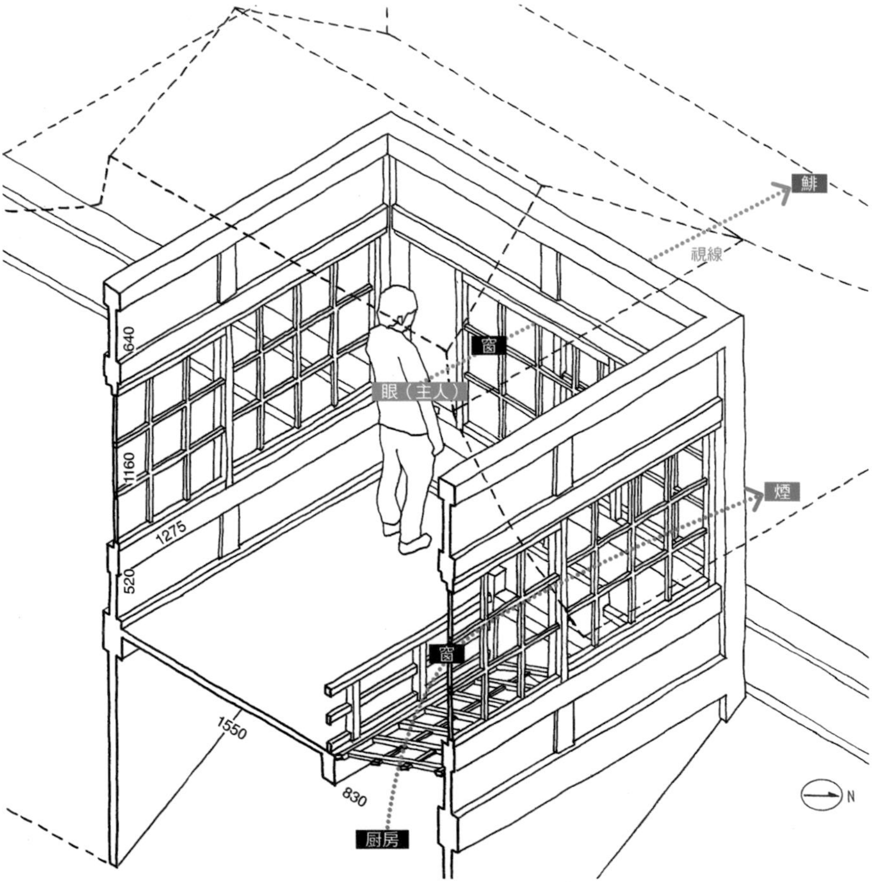

眺望台

望楼（ぼうろう）に　沖合（おきあい）の銀　いざ漁へ

塔樓內遠眺　近海銀波色熠熠　忙急起出航

道後溫泉　本館

道後温泉　本館

◉愛媛縣松山市

位於愛媛縣松山市，明治 27 年（1894 年）建成的公共浴池。屋頂上設有約兩張榻榻米大的振鷺閣，其四面裝有鑲嵌紅色玻璃的雙向橫拉窗。早期會在入夜後點亮吊燈。閣樓中央吊掛的太鼓古來就是當做報時的「刻太鼓」之用，當時每隔一小時敲響一次，現在只在清晨六點、中午十二點、傍晚六點的三個時間點，依序敲響六下、十二下、六下。

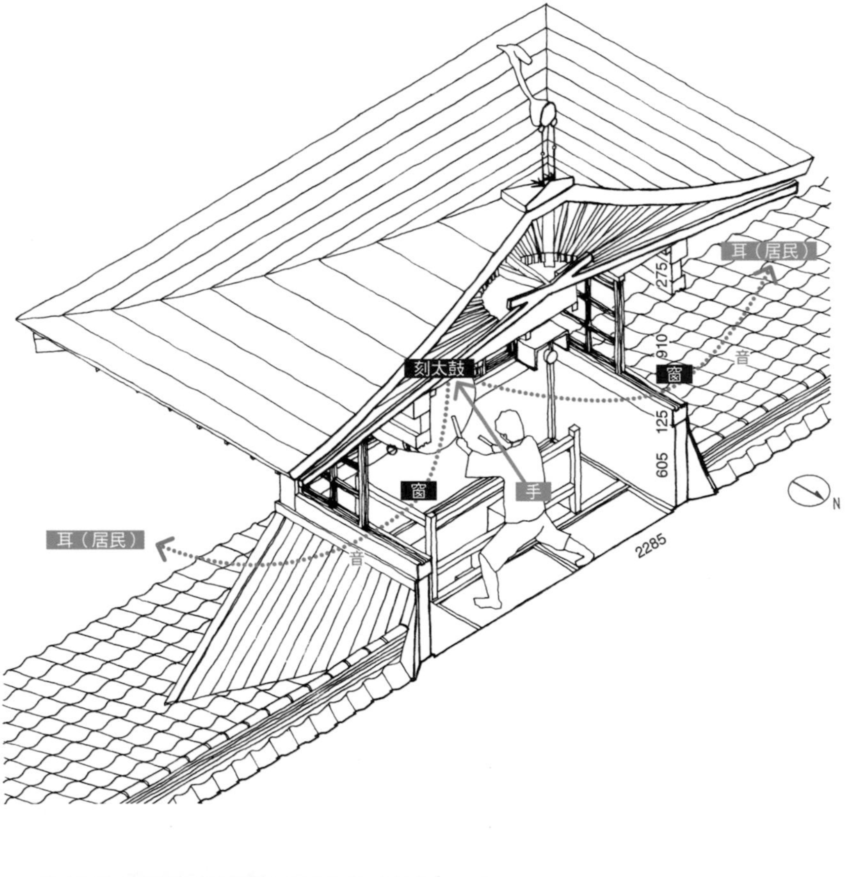

ギヤマンの　赤に染めらる　刻太鼓　伊予の夜空に　白鷺舞立つ

玻璃琉璃面　塗染顏色赤朱紅　報時刻太鼓　伊予暗色夜空中　白鷺昂首凌空躍

行勸寺　寺務所

行勧寺　庫裏

◉石川縣白山市

位於石川縣白山市的行勸寺寺務所。薄板鋪成（小羽葺）的屋頂別具特色，白峰地區唯一殘存的小羽葺頂。屋頂的其中一部分抬升，在那個閣樓空間裡懸吊太鼓。太鼓四周設置了稱為「太鼓窗」的雙向橫拉玻璃窗。從前會交互敲響鐘與太鼓來報時，現在只有特殊節慶才會打開太鼓窗。

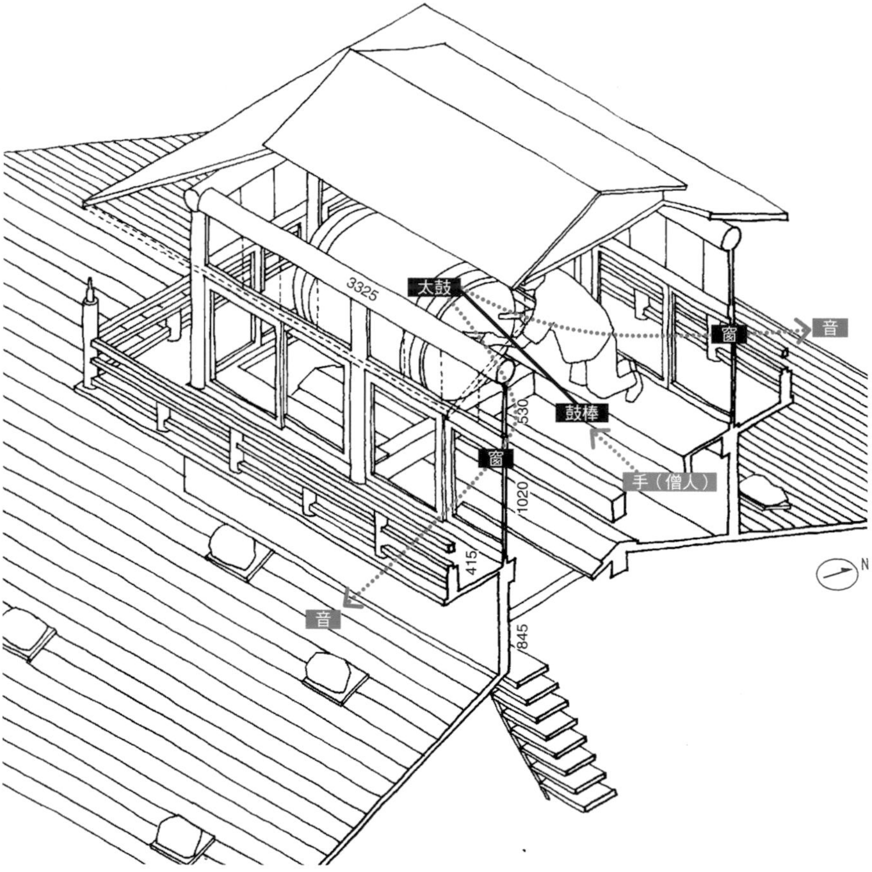

太鼓楼　打ち叩く音は　窓を出て　白山麓を　ふるわせるかな

頂上太鼓樓　敲擊扣打鼓音響　流傾瀉窗外　竟震撼白山麓邊　直教人嘖嘖稱嘆

子規堂

子規堂

◉愛媛縣松山市

位於愛媛縣松山市，依正岡子規出生成長到十七歲的住所重建的故居。中學時期的子規，在三張榻榻米大的書齋練習漢詩等。房間兩面是小窗格的雙向橫拉窗，窗面採霧面玻璃，窗前的低矮書桌擺放著筆硯，窗外嵌有直櫺條。彷彿能感受到在窗邊勤勉勵學的子規身影。

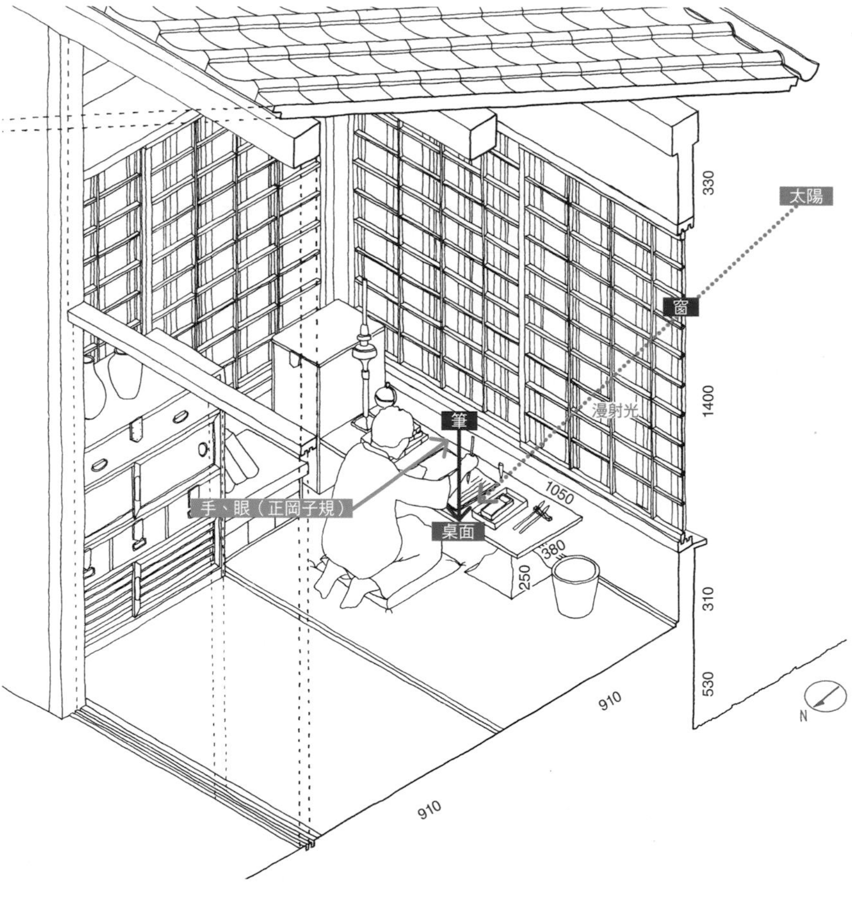

三畳の　曇りガラスに　文机　墨、硯、筆　漢詩詠む子規

霧玻璃窗前　三張榻榻米之上　一張矮桌案　子規對著筆硯墨　正吟詠作漢詩中

丁子屋

丁子屋

◉茨城縣石岡市

位於茨城縣石岡市的商家建築。昭和 4 年（1929 年）發生石岡大火時，未遭祝融而倖存至今的唯一一棟商家建築。為了讓從道路到最內側的和室都能受光線照射，設置就像要斜穿透天花板般的深長天窗，照亮屋內炭爐。

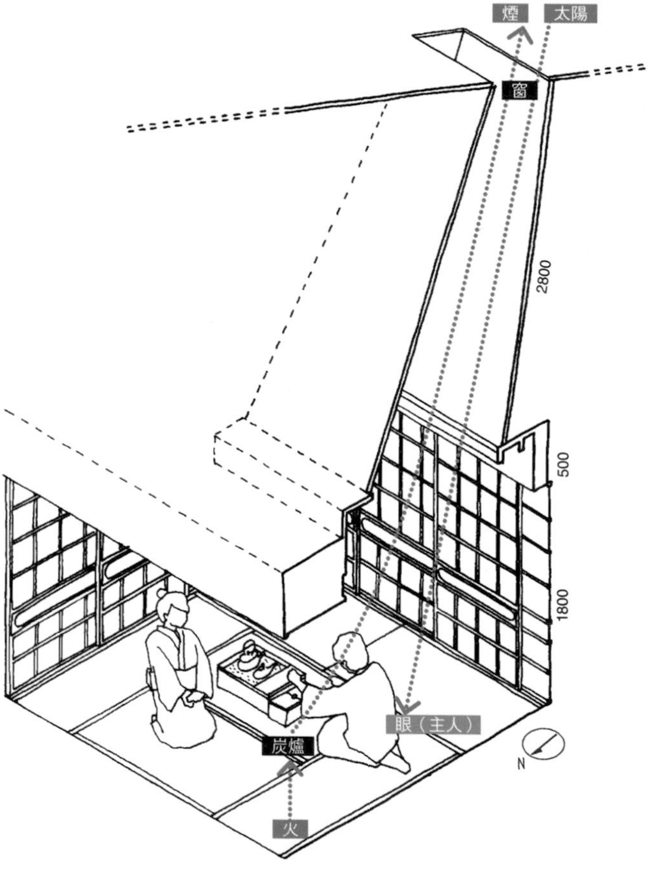

批發商

火鉢から　屋根を貫く　光井戸

從屋裡炭爐　逕向上貫穿屋頂　引光天井窗

讓城鎮變身舞台的祭典之窗

文　小谷內理華

「祭典是不等人的唷」，富山縣冰見市博物館館長的一句話觸動了我，之後只要有空就盡可能到處參加祭典。目前（2016 年）在日本全國，只計算能找到資料的祭典就有超過兩千個，不過受到高齡少子化的影響，難覓可接續傳承的旗手，因此數量正年年減少。這或許就是館長口中的「祭典不等人」。

在各種祭典當中，有讓小鎮變身舞台的祭典，面向道路的人家或集會所敞開窗戶，以提燈或布簾等妝點，窗就這麼從平凡無奇的日常風景，搖身一變有了非比尋常的樣貌。我在 2014 年 10 月造訪的大津祭也是其一，除了集會所之外，民宅的窗也都改變陳設融入祭典。正式祭典前一晚舉行的廟會（宵宮）中，民家窗戶朝小鎮開放，並以布簾或提燈裝飾。窗的深處展示著山車繞行時，擺放在山車上的機關人偶或寶物。

日暮西沉時，裝飾在窗邊和在街區邊界搭建的臨時牌坊上的提燈一一點亮，燈火把整個城鎮染紅，吹奏囃子伴奏的笛和太鼓樂音開始響起。十三處集會所將窗

開放並拆除扶手，延伸出棧橋連接山車（附帶一提，這些棧橋是不允許女性通過的，不知情而踏上橋的我，因此不小心惹怒了居民）。窗內的青年奏響太鼓和笛，棧橋上則是少年們敲鑼，山車上的男性正在吹笛。山車連同集會所成為一座表演舞台，走過街道的觀光客紛紛抬頭仰望。居民在集會所的二樓一邊飲酒、品嚐料理，一邊觀賞祭典。一個跟著母親前來的小男孩坐在其中，睜大眼睛緊盯著表演，連眨眼都忘了。幾年之後，就會換他坐進山車裡吧。

隔天早上舉行正式祭典，山車從神社出發遶境。為了接住從山車拋出的「厄除粽」（厄除け粽），鎮民在自家二樓敞開的窗邊掛上紅色毛氈，從各戶人家的表情中能感受到他們奮力想捉住粽子。〔譯注：厄除粽是以粽葉包綑成圓錐形粽子狀，吊掛於住居以趨吉避凶的守護符〕窗下是觀光客，他們邊抬頭看山車邊前進，試圖撿取未拋進窗邊的粽子。從宵宮到正式祭典的兩日之間，大津的窗以各式樣貌，諸如裝飾窗、奏樂窗、收粽窗，用提燈、布簾、紅色毛氈等豔麗裝扮參與盛典。

山車、神輿、獅子舞等各地區獨有的形形色色祭典，由當地代代生活的人們慎重傳承至今。美好的祭典歸功於愛鄉愛土的人，而置身其中的窗也發揮了重要作用。

結語

為了因應地球暖化、環境污染等地球環境問題，人們採取了節能、開發再生能源、減少二氧化碳排放量等各種對策。在聯合國氣候變化綱要公約的締約國大會中通過的條約納入各國政策當中，企業也以此為準開發商品或服務，推廣至消費者。建築領域中，氣密隔熱住宅、隔熱窗、太陽能發電板等再生能源已進入我們的日常生活。然而，這些由國家或企業主導引入社會的生態友善方式，很難說是以一般民眾為中心的做法。我們應填補真實感受面上的不足，因為雖然可以用數字說明或用美麗森林的意象來宣傳，卻無法讓內心盈滿喜悅。

因此，我們走訪日本各地的作坊、作業場、商店，探勘其中的窗，進而發現存在於這些「做工的窗」當中，那些被生氣蓬勃的事物包圍的喜悅。以陶藝作坊為例，工匠以腳轉動轆轤，審慎觀察從窗戶射入的陽光所照射的陶土表面，邊以指尖感受陶土厚度，邊捏塑成形。一圈圈繞轉的陶土，依著手掌的形狀雕塑成形。手與土都能百分之百發揮各自擁有的可能性，讓人目不轉睛。雖然工匠不發一語，卻能從手、腳的動作中感受他的認真和愉悅。就連陶土本身，似乎都因能變身成形而樂在其中。陳列在棚架上正陰乾的陶器，就像排隊等待進入燒窯般，引人發噱。

這類生態學式的實際作為，發生在你我身邊且伴隨喜悅，也可說是能親身體會的生態友善。生態學的根本定義是生物與環境的互動關係。聚集各種事物作用的窗，我們與周邊事物都在其中彼此調整做法，試圖取得平衡。

「造物之窗」讓工匠的手、腳、眼，與光或風等自然元素、土或木、布或紙等彼此串連。每天身處同樣的工作環境、審慎面對相同物資的工匠，能夠分辨物的厚度、重量、觸感、顏色等細微差異。這是在既定事物的相互關聯中，磨礪人的知覺變得敏銳的生態學。此外，材料遇熱變化或利用水的物態變化作業時，要排放製程中產生的煙、熱、水蒸氣，窗戶不可或缺。將作業環境的混亂控制在一定程度，這是人們能夠持續進行工作的生態學。

「食品加工之窗」充分運用光或風、熱或煙的作用，創造極端的室內氣候，乾燥或燻製水果、蔬菜、穀類、海鮮。雖然是人類無法長時間處於其中的作業環境，卻是垂吊食品、點火、關閉窗戶，控制室內維持穩定微氣候的生態學。

「買賣之窗」將人們勞動的姿態透過窗戶傳達到街道上，這樣的窗沿著街道連綿，創造出城鎮的集體熱鬧氛圍，那份熱鬧是能成為買賣潛在資源的創造性生態學。其他在社區集會所或住宅平凡無奇的窗上添加裝飾或改造，向諸神、鄰居、旅人開放的「祭典之窗」，既是讓人走入迥異於日常情境的窗，也是暫時對大眾全面開放的生態學。或像是考量動物健康、使照料方式變得簡單的「動物用之窗」，代表的是人與動物共生的生態學。甚而「眺望台之窗」，是在身邊事物的相關聯當中，加入船隻卸貨、魚群等遠方事物的生態學。

各式各樣的事物透過這些「做工的窗」進出，人／非人不存在隔閡，而是彼此共存。伴隨在側的恆常物質，則會因進出的事物的作用而引發變化，發揮其可能性。手、眼、耳、口等人體的感覺器官，能感知物質的變化進而運作即是一例。在反覆作業的過程中，人的感受程度變得敏銳，同時技術和能力也成長。強烈肯定要採取行動，促成互助與成長。以生態學倫理來比喻，其中具有「早於社會規範的樸質倫理」，會產生架構出這樸質倫理的愉悅。「做工的窗」明示了這一切，但即使是生活中那些常見的窗也可說具備同樣的作用。窗透過其作用引介世界，使我們可能察知身邊的生態學，引導我們樂在其中得到喜悅。

致謝名單

◉ 圖面繪製協助
戸井田哲郎、Neyses Judith、Antya Rahmaningdyah、
Yangzom Wujohktsang、Ratanakoosakul Puripat、Sinan Kolip

◉ 短歌協助
龍門司燒企業組合 窯元の短歌　新潟縣南高校　森脇翔平

◉ 採訪協助
衷心感謝日本各地接受我們訪談的人士的協助

參考文獻

- 《手仕事の日本》(柳宗悅著，岩波文庫，2003)
- 《民藝の教科書①　うつわ》(萩原健太郎著，久野恵一監修，グラフィック社，2012)
- 《民藝の教科書②　染めと織り》(萩原健太郎著，久野恵一監修，グラフィック社，2012)
- 《民藝の教科書③　木と漆》(萩原健太郎著，久野恵一監修，グラフィック社，2012)
- 《民藝の教科書④　かごとざる》(萩原健太郎著，久野恵一監修，グラフィック社，2013)
- 《民藝の教科書⑤　手仕事いろいろ》(久野恵一監修，グラフィック社，2013)
- 《民藝の教科書⑥　暮らしの道具カタログ》(久野恵一監修，グラフィック社，2014)
- 《食と建築土木 ── たべものをつくる建築土木》(後藤治、二村悟著，LIXIL出版，2013)
- 《日本の町並み集落 1300 ── 歴史的景観・環境》(川村善之著，淡交社，2010)
- 《文豪の家》(高橋敏夫、田村景子監修，エクスナレッジ，2013)

調查地區・調查成員

〈 2014年 〉

08／28－08／29　栃木縣益子町、茨城縣笠間市
[能作文徳、岡野愛結美、村越文、安福和弘]

09／09－09／12　長野縣上田市、富山縣高岡市、石川縣金澤市、輪島市、白山市
[林咲良、太田真理、小谷内理華、Cherifa Assal]

09／18　高知縣土佐市
[塚本由晴]

09／19　京都府宇治市
[能作文徳]

09／24　群馬縣富岡市、藤岡市、高崎市
[塚本由晴、能作文徳、佐々木啓、岡野愛結美、林咲良、浦山咲也子、小谷内理華、Shi Zhijiao、Joseph Lippe]

10／09－10／13　大阪府堺市、京都府京都市、滋賀縣大津市、蒲生郡日野町
[安福和弘、小谷内理華、巻島雄途]

10／22　茨城縣石岡市
[塚本由晴、能作文徳、岡野愛結美、林咲良]

10／31－11／04　愛知縣名古屋市、常滑市、豐川市、一宮市、岡崎市、靜岡縣濱松市、岐阜縣美濃市、三重縣伊勢市
[能作文徳、信川侑輝、正田智樹、中村衣里]

11／20－11／25　島根縣松江市、出雲市、岡山縣岡山市、井原市、廣島縣吳市、福山市
[太田真理、正田智樹、浦山咲也子]

11／20－11／28　長野縣塩尻市、京都府京都市
[信川侑輝、小谷内理華]

12／10　東京都墨田區、荒川區、目黑區
[中村衣里、安福和弘、Xie Wenjing]

12／28　靜岡縣熱海市
[信川侑輝、林咲良、太田真理、正田智樹、小谷内理華]

〈 2015年 〉

01／03　長野縣下高井郡
[林咲良]

05／05　兵庫縣赤穗市
[安福和弘]

05／07－05／09　兵庫縣淡路市、愛媛縣松山市、西宇和郡伊方町、喜多郡內子町、八幡濱市、德島縣名西郡石井町
[中村衣里、小谷内理華、西村朋也]

08／16－08／18　山形縣東村山郡山邊町、鶴岡市
[信川侑輝]

08／23　新潟縣村上市、三條市
[信川侑輝、林咲良、浦山咲也子、巻島雄途、國澤尚平]

08／25－08／29　北海道札幌市、旭川市、余市郡余市町、小樽市、江別市、浦河郡浦河町、沙流郡日高町
[林咲良、太田真理、安福和弘、正田智樹、吳昭彥]

08／26－09／01　沖繩縣石垣市、中頭郡讀谷村、北中城村、島尻郡粟國島、八重山郡竹富町
[塚本由晴、津賀洋輔、佐道千沙都、小谷内理華]

09／17－09／20　鹿兒島縣姶良市、枕崎市、熊本縣天草市、球磨郡多良木町、福岡縣八女市、佐賀縣有田町
[浦山咲也子、巻島雄途、解文靜、森脇翔平（新潟南高校）]

10／24－10／26　秋田縣湯澤市、橫手市、岩手縣盛岡市、奧州市、一關市
[鈴木隆平、村越文、丹羽庸子]

11／12　東京都墨田區
[丹羽庸子、解文靜、Eva Repaux、Yu Dao、Holewik Hubert]

〈 2016年 〉

05／03－05／04　滋賀縣蒲生郡日野町、三重縣桑名市
[林咲良、小谷内理華、西村朋也、櫃渕開]

國家圖書館出版品預行編目資料

窗，手作與自然的物語／東京工業大學 塚本由晴研究室編；林書嫻譯.--初版.--臺北市：臉譜, 城邦文化出版：家庭傳媒城邦分公司發行, 2017.09
面；　公分. --（藝術叢書；FI1042）
譯自：WindowScape 3 窓の仕事学

ISBN 978-986-235-607-4（平裝）

1. 門窗　2. 建築物細部工程

441.568　　106012975

藝術叢書 FI1042

窗，手作與自然的物語

編　　者　東京工業大學 塚本由晴研究室
作　　者　塚本由晴＋能作文德
譯　　者　林書嫻
副總編輯　劉麗真
主　　編　陳逸瑛、顧立平
美術設計　廖韡

發 行 人　凃玉雲
出　　版　臉譜出版
城邦文化事業股份有限公司
台北市中山區民生東路二段141號5樓
電話：886-2-25007696　傳真：886-2-25001952
發　　行　英屬蓋曼群島商家庭傳媒股份有限公司城邦分公司
台北市中山區民生東路二段141號11樓
客服服務專線：886-2-25007718；25007719
24小時傳真專線：886-2-25001990；25001991
服務時間：週一至週五上午09:30-12:00；下午13:30-17:00
劃撥帳號：19863813　戶名：書虫股份有限公司
讀者服務信箱：service@readingclub.com.tw
香港發行所　城邦（香港）出版集團有限公司
香港灣仔駱克道193號東超商業中心1樓
電話：852-25086231　傳真：852-25789337
E-mail : hkcite@biznetvigator.com
馬新發行所　城邦（馬新）出版集團 Cité (M) Sdn Bhd
41, Jalan Radin Anum, Bandar Baru Sri Petaling, 57000 Kuala Lumpur, Malaysia
電話：603-90578822　傳真：603-90576622
E-mail: cite@cite.com.my
初版一刷　2017年9月5日

ISBN 978-986-235-607-4
定價：499元